偷拼才會贏

要贏就要搶先別人一步

人資工作者的管理思維與故事分享

身為老板，如何留住好人才，處理公司危機？應變能力最重要！
身為員工，還在慨嘆懷才不遇嗎？機會把握在自己手中！

周志盛◎著　　汎亞人力資源

PAN ASIA
HUMAN RESOURCES MANAGEMENT&CONSULTING CORP.
汎亞人力資源集團

自序

在職場上，你能贏取別人，獲得肯定的秘訣，
往往只是你暗地裡比別人提早做了準備。

　　為協助勞資雙方熟稔相關的職場議題，多年來不間斷地履行自許
的承諾：結合個人在人力資源管理的實務經驗與勞資領域的學識背景，
編寫一系列實務性的勞資關係書籍。只是，這次我想暫時卸下專業講
師與顧問的角色，以一位人力資源工作者的身份，與您分享一些管理
思維與故事。

　　在本書中，個人精選十五篇管理思維：設定目標、界定問題、組
織設計、重視成果、授權賦能、團隊動力、績效評估、部屬發展、衝
突管理、善用時間、面對壓力、訂定決策、變革挑戰、擬定計畫、展
開行動。另外，彙集十五篇的故事分享是我投入人力資源領域近二十
餘年來的心得，每一篇都有它蘊含的意味，希冀能重新點燃您那尚未
化成灰燼的職場熱力。

　　本書的出版，除了要對汎亞如摯友般的編輯團隊再度表達謝忱之
外，另外，我必須向一直在人力資源與勞資關係領域的專家、學者們，
致上心中那股無名的敬意。由於您們辛勤的耕耘，讓我得以不斷的吸
取養份，為大地孕育出一小片微不足道的綠蔭。因此，尚祈各位前輩
不吝指正本書及爾後在寫作上的疏漏之處，繼續予以提攜、賜教。

　　環顧外部環境，最終，我要與職場上共同打拼的夥伴們殷切的共
勉：企盼我們能在積非成是的滾滾洪流中，共同致力擁有一股清泉。

周志盛　敬識
990630午夜

本書特色

細究本書特色有下列數項：

 分類成篇，使研習者易於閱讀。

 每篇檢附的故事，皆是職場上實際發生的案例。

 敘述簡要，文思淺顯，適合職場管理者與部屬共同研讀的實務書籍。

 提供讀者人資管理、勞資關係與勞動法令的諮詢服務。

目　錄
CONTENTS

CONTENTS

目 錄
CONTENTS

Appendix 附 錄

CONTENTS

PART 1

設定目標

當一個人做他有興趣、有熱忱的事,他自然會全力投入,努力獲得最好的結果。如果公司錄取妳,妳將抱持的工作理念是什麼?她幾乎毫不猶豫的給了一個我最想要的答案:「用心。」

管理思維 設定目標

設定目標

船長宣佈：「跟各位夥伴報告一個好的消息與不好的消息。好的是，我們現在行駛得很快。不好的是，我們已經迷航了。」

這是一個教訓，不管你發展得多快，若不朝著正確的方向，可能就徒勞無功、一事無成。而確定你往何處去唯一之道就是要有清楚的目標。有了目標，你將了解你的方向並設定你何時可以到達。

成功的第一步 ▶▶▶▶ ▶

要找出自己的目標，你必須先知道組織的目標。作為主管的主要角色就是要確保你的組織能實現它的目標－－有效的生產物品或提供勞務。

成功的目標是小心翼翼地發展出來的，他們具有下列特質：

值得的（值得你、你的成員與組織去完成的事務）

可衡量的（明確的陳述，以便能辨別是否達成目標）

實際的（可經由適當的努力適時地完成）

有期限的（設定完成目標的期限）

第一步要先了解組織和你單位的目標。其次，仔細

想想你想在工作上完成什麼。記下你想做的，然後看看你所寫的，以確定是否適合組織與你單位的目標。簡單的作法是：與你的上級核對你所列出的目標清單，以便查看兩人是否皆有共識。

陳述目標 ▶▶▶▶▷

目標是你想在未來設法達成的事務。由於設定後就得一路據以執行，所以最好在沿途有一些查核點。一旦與主管達成共識，立即訂定一個執行的計畫。

一次進行一個步驟，不必好高騖遠。過程中縱然有一些問題存在，然而每向前跨越一步，將予你一種成就感，並且助你繼續向前行。

你的計畫像一張地圖，並且有特定的時程配當。它告訴你何人負責何事，何時及如何完成。

根據成功的經驗顯示，若你有將它寫下來，你較有可能依照行事。另外，與你的上級核對你的計畫以確信它沒問題。經由此舉，你也可獲得上級對你的支持。

目標的設定對日常的工作尤其重要。若目標不清楚，你可能會因為未執行你不知須負責的事而遭受責備或處

罰。你也可能浪費時間在做一些較不重要，而忽略一些對你的上級或組織很重要的事。

幫助他人設立目標 ▶ ▶ ▶ ▶

工作夥伴有其私人的目標，也有與工作有關的目標。他們可能想學習新技能，希望受同事們喜愛或得到升遷。組織、團隊和個人的目標需結合在一起，以使每個人都朝共同的方向邁進。

團隊的目標應該幫助成員達到他自己想要的目標。例如，你可詢問所屬的成員他們想學什麼，然後與他們計畫以得到其所需的知識或技能。他們將很高興你尊重他們的目標並且設法給他們機會去實現他們重視的目標。

主管以個別或團隊方式幫助組織中的成員設立目標，可增加他們對組織及團隊的忠誠度。假若一個足球隊的隊員不共享其目標，他們不可能有效地攻城掠地。他們將朝各個不同方向奔跑，不可能成為一個勝利的優質團隊。因此，讓目標清楚，成員有擁有它的感覺，以及所有成員都能深刻瞭解，缺一不可。

留意障礙並予以去除是身為管理人員的一個重要任務。處理障礙有如解決難題，事先蒐集有關資料，以便能完全了解障礙形成的真因。

期望的角色 ▶▶▶▶

你對成員的期望以及他們對自己的期望，對他們的表現有很大的關係。低目標意味著低期望和低成就，低期望則導致成員對自己達成目標的能力缺乏信心。

一個人對達成目標努力的程度，視該目標對他的重要程度而定，也視其是否有信心完成它而定。據職場上常見的案例顯示，成員會依主管所訂的目標調整自己的表現，研究發現主管對成員的工作動機影響很大。主管的所作所為可使成員工作意願提升或降低。

要讓成員表現最好，就需要最佳的期望，你必須合情合理，使你的期望與他的能力相匹配。因為人各有異，你必須考慮各個成員的優點和技能。目標必須高得足夠具有挑戰性，但又不致於高不可攀。人們需被鼓勵接受挑戰，但只能在足以成功的範圍之內。一旦具有挑戰性的目標設立之後，成員將需要你的支持、幫助、鼓勵以

及輔導。

目標須與成員一起訂定，仔細傾聽成員的希望和計畫，並儘可能地將之涵蓋在目標之中。將所期望的事物清楚明確地陳述出來，包括量和質的績效指標。確使組織中所有的成員在目標上達成共識，這種共識可使成員舒坦地向前邁進。

當部屬能接受合理的風險時，他較願對自己有高的期望。他們需要有某種程度地確定他們能成功，或者確信在確實努力之後，如果失敗了，不會受到懲罰。失敗不應被視為會影響其個人的價值，只要盡了力應被視為是種學習的經驗。有了這種態度之後，成員將會受到鼓舞而繼續向目標前進。他們會承擔合理的風險來開展自己，而不需擔心會被懲罰或被認為無價值。

有研究顯示，當風險程度是50/50時，激勵效果最大——亦即當成功和失敗的機率大致相等時。當然接受風險的程度仍需視成員的信心和安全感多寡而定，有些人對挑戰回應得很好，挑戰確實可使他們躍躍欲試；然而，有些人卻怯於冒險，因此顯得較小心翼翼，不敢奢求有太高的期望。

總 結

以下是主管為成功地設定目標可採取的行動：

1. 自己有清楚的目標並和成員共同分享。

2. 與成員共同計畫，涵蓋他們對整體目標和工作內容的期望。

3. 查看單位目標是否與組織目標相符。

4. 確使目標值得努力，可加以衡量並且合乎實際。

5. 確使目標包含人、事、時、地、物和方法。

6. 預先考慮可能遭遇的障礙並設法克服。

7. 顯示對成員的信心並對他們有高而合理的期望以激勵他們。

8. 將失敗與錯誤視為學習的經驗，確使成員的自我肯定不受傷害。

To be continued
....Story share

用心

　　誰都料想不到，在這次眾多的應徵者中，我竟然會錄取一位全無實務經驗的社會新鮮人。

　　她今年剛從國內某一所不具知名度的私立大學畢業，這是她踏入職場應徵的第一份工作。憑心而論，如果純就每一位應徵者檢附的履歷資料加以排序，她幾乎毫無勝出的機會。

　　「報告經理，有位應徵者希望公司準備單槍投影機，她想以簡報的方式取代面談。」助理的報告，引起我極大的興趣。從事人力資源管理工作近二十年以來，藉由招募面談閱人無數，卻第一次聽聞應徵者主動要求以「上台簡報」替代一般制式的面談。我幾乎迫不及待的想要看看這位身懷絕技、自視不凡的高手，究竟有何過人之處？

　　面試當天，她準時的來到公司。令我驚訝的是：她並非是職場上已吸取日月精華的武功達人，亦不是頂著知名學府、令人稱羨的高材生，她「僅」是一位私立大學的畢業生。當下，不經意的浮現「刻板印象」。

　　「大家好，我是剛從學校畢業的職場新鮮人，很抱歉，

讓貴公司特地為我準備簡報的設備。事實上，我知道一般企業的選才標準，大都是從科系與工作是否相符、資歷與職務是否相稱考量，而這二者我並不俱優勢。

　　但是，大學四年期間，我對這份心目中理想工作的興趣、熱忱與投入，卻是與日俱增。」略顯緊張的神情，絲毫無損於在她眉宇之間透露的自信。簡述自己的背景後，接著開始報告簡報資料。編整精美、圖文並茂的厚厚文件中，包含五項主題：自我簡介、社團成長、工讀經歷、專題報告、課外研習，每一項內容皆扣合她所應徵的「人力資源規劃師」。

　　詳細聽完她所精心製作的power point簡報內容，面試主管一一提出問題徵詢。面試尾聲，照例由我提問最後一個固定的問題：「當一個人做他有興趣、有熱忱的事，他自然會全力投入，努力獲得最好的結果。如果公司錄取妳，妳將抱持的工作理念是什麼？」

　　她幾乎毫不猶豫的給了一個我最想要的答案：「用心。」

PART 2

界定問題

「我不知道」、「沒有人告訴我」、「這不關我的事」，根據
一項名為「職場上主管最常用來推卸責任的理由」所作的調查，
這三句話依序獲選為前三名。

管理思維 界定問題

界定問題

　　擬訂決策，解決問題，確實令管理者倍感壓力。但要切記，若無決策待做，問題待解決，就不需要你的存在了。此外，當你下決策與解決問題的技巧有所增進時，你的工作將會變得容易的多。一個問題若一而再地出現，不但耗時費日，且令人質疑你的勝任能力。

問題的類型 ▶▶▶▶

　　你會面對的問題中有一種是"為什麼"的問題。事情已有差錯或正出差錯，你必須知道它為何發生，以便能糾正它，藉著下列的問題可幫助你處理這種情況。

第一步就是界定和描述問題。可按照下列步驟思考：

1. 什麼出問題？

　　什麼沒出問題？

　　・你對問題瞭解什麼？

　　・問題發生的後果是什麼？

2. 哪裏出問題？

　　哪裏沒出問題？

　　・是否總是發生在同一地方？

　　・其他地方是否有相同的問題？

3. 何時出問題？

何時沒出問題？

　・事先的徵兆是什麼？

　・何時開始的？

　・持續了多久？

4. 問題有多大？

問題有多小？

　・問題有多重要？

　・問題影響層面有多廣？

5. 誰與問題有關？

~~誰與問題無關？~~

　・誰應負責？

　・誰受影響？

第二步就是找出原因。

1. 可能的原因是什麼？

2. 最可能的原因是什麼？

3. 最可能的真正原因是什麼？

再下一步就是決定你要處理方向。

1. 你希望事情變成怎樣？

2. 你希望糾正、限制或阻止什麼？

3. 你想尋求短期效果或長期效果？

最後，你必須選擇一種行動。

1. 你可能採取的行動有哪些？

2. 哪種行動最可能得到你想要的結果？

　　哪種行動可使你達成你的目標？

　　哪種行動可產生最少的負面效果？

3. 哪種行動是最佳的？

　　哪種行動可藉由所擁有的資源來妥善完成？

　　哪種行動的阻礙或困難最少？

預期問題的發生 ▶▶▶▶▷

　　另一種主要的問題就是「萬一」的問題。現在都沒問題，但某些事未來可能出問題。你必須預先設想，以便能限制問題發生的嚴重性或避免它。事先考慮周全並避免問題的發生遠勝於等其發生後再來花時間解決。

　　處理「萬一」的問題所用的思考系統和「為什麼」的問題很接近。只要在思考問題時，改成以未來式提問，例

如，你必須問「什麼可能導致問題的發生？」然後再設法避免問題的產生。

抉　擇 ▶▶▶▶

　　有時問題的解決同時存在有許多的方法，這時，你必須決定什麼任務列為第一優先。最好先釐清以下四個疑問：

1. 想要什麼結果？
2. 有哪些可能方式可得到這個結果？
3. 每個選擇可能有什麼後遺症？
4. 決定目前可採行的最適合方式？

長期與短期對策 ▶▶▶▶

　　將問題減至最低程度，結果令人滿意，這是短期決策的目的而已；唯有將問題完全解決並且避免它造成影響，才是長期性的對策。

　　大多數問題可經由預先考慮和採取事前防範措施來加以避免。短期性的「為什麼」之類的問題被處理後，須檢視是否可找到一種長期完全解決的對策。

　　下面的例子可說明如何融合短期與長期的對策。一家

化學工廠失火的可能性很高，因此有必要在廠房四周安裝減火器以處理這個問題。雖然火災可能仍然發生，可是其影響已能有效控制，因為減火器隨手可取用。機警的主管決定要對員工施以消防訓練，這項預防措施大大地減少失火的次數。

長期的訓練預防措施使失火的可能性降至最低，短期性的安裝減火器可顧及預防未週密之處。這種融合長短期解決方案的方式比任何單一方式還來得佳。對症下藥，防患未然是解決問題的關鍵所在。

牢記要訣 ▶▶▶▶

有一些行動如果能牢記在心，將對解決問題有莫大幫助：

1. 往前看並預想問題。人們常逃避問題，等事到臨頭時才處理。然而很多問題可經由正確規畫而加以避免。

2. 瞭解問題。假若你真正瞭解問題本質，就可直接解決問題而非坐視徵狀的存在。通常我們會缺乏足夠資訊就遽下對策，所以必須瞭解問題的根源。

3. 設法避免問題重覆發生。別自滿於短期、暫時的解決

方式，發掘問題背後的意義，找尋恒久的方式來解決它。

4. 知道自己想要得到什麼。在你尚未清楚想達成什麼之前，不要處理任何問題。你想要的結果定義得愈清楚，你愈有可能獲得它。

5. 多尋求一些對策以解決問題。你第一個想到的對策可並非最佳者。不要假定你經常反應的方式就是最佳的方式。

6. 檢視障礙並評估你所發展的對策。想想你的對策可能帶來的衝擊。檢查你的計畫是否與所要者相符。另外，多看看和評估一些對策，增加你找到最佳對策的機會。

7. 讓他人參與。當你在尋求可能對策時，應請求他人協助。同事的意見可能有很大用處，將可產生更高品質的對策。而且，因他們也會被對策影響，讓他們參與將有助於確保計畫會被接受。

8. 追考核進展的狀況。找到對策還不夠，要試一試，視測試後的結果，再決定你是否需要作改變。

9. 評估結果。查看對策是否已生效，達成目標？預期的結果已發生？進而評估這是一個短期的或長期的解決對策。假如對策不管用，試試其他的方法。

偷拼才會贏

人資工作者的管理思維與故事分享

總　結

　　在企業中，管理者的任務是制定決策與解決問題。問題有兩種形態，一種是「為什麼」的問題（你不知道發生的緣由）；另一種是「萬一」的問題（你事先考慮並預想問題的發生）。一個系統的思考方式可幫助你認清、描述與找尋原因，做決策，並選擇行動方向來解決難題。

　　最好的是，預想問題的發生，然後嘗試尋求立即的（短期的）與長久的（長期的）解決對策。

To be continued
....Story share

偷拚才會贏

人資工作者的管理
思維與故事分享

護身符

故事分享

護身符

「我不知道」、「沒有人告訴我」、「這不關我的事」，根據一項名為「職場上主管最常用來推卸責任的理由」所作的調查，這三句話依序獲選為前三名。

的確如此！擔任人力資源主管以來，儘管歷練的企業屬性不一，但是所見所及皆與調查的結果相契合。在職場上，不乏能力出眾的管理者，在他的專業領域裡發光發熱；卻極為少見願意勇於承擔責任的主管。

剛剛才結束的業務檢討會，又是上演同樣的一齣戲碼。

「行銷部陳經理，為什麼你沒有把這次的增員計畫，事先與人力資源部先溝通？」副總不客氣的劈頭就問。「這次的增員計畫已先經過總經理核准，我不知道還要知會人力資源部。」陳經理果然推得乾淨俐落。「財務部王副理，有沒有提供去年人員招募所支付的費用明細，以供人力資源部參考？」「報告副總，沒有人告訴我這件事。」王副理一臉無辜的表情，更

是令人叫絕。「那有關新進人員的資格、條件，你們這些用人部門總應該提供給人力資源部吧？」用人部門的主管交頭接耳、碎碎私語後，給了一個非常團結的答案。「應徵人員資格、條件的設定，是屬於人力資源部門的職責，**這不關我們的事。**」

最後，會議作成決議：人力資源部門全權負責這次的增員計畫。

走出會議室，副總拍拍人力資源部李經理的肩膀，讚許他「積極任事、勇於承擔」。他謙虛的向副總表示，這是他應盡的本份。其實，天曉得，他只是找不到時機講出「我不知道」、「沒有人告訴我」、「這不關我的事」這三句話。

現今有為數不少的主管將這三句話奉為處事的最高指導原則，甚至有人將它視為不用承擔責任的護身符。你是這樣的主管嗎？願老天爺庇佑你！

偷**拼**才會贏

人資工作者的管理

思維與故事分享

組織設計

我提供三個檢驗點，供你參考：一、首先，你是否已清楚的描述完成工作的標準？二、再者，你是否已確認部屬對於完成工作的目標沒有疑慮？三、最後，也是最重要的，你是否已得到員工誓必達成目標的承諾？

管理思維　組織設計

組織設計

　　「組織」一詞意指，以何種形式的工作關係安排人員。有些工作關係的組合很簡單，在決策者與基層工作人員間，管理階層的層次很少；有些則層次繁複。

　　若組織架構所提供之工作環境，能讓其成員有效地發揮所長，那麼大家必樂於貢獻一己之力來協助公司達成目標。

　　一位成功的主管不僅關心工作品質，更須關懷部屬個人。屬下固然需要上司對其個人的關切，但是運作良好的組織更必須做好工作安排。因此，有效管理者，需具備組合工作及人員以達成績效目標的能力。

　　組織圖是正式的整體架構，但是為了應付緊急需要，每位主管不時都會設立一些「附屬架構」。當主管面臨「該怎麼解決這個難題？哪些人最適合執行這項工作？誰應協助變革？」等問題，或者接到新任務、獲得授權、成立臨時或永久性的工作小組時，為順利完成任務，「附屬架構」於焉產生。「附屬架構」的處理之道，不外乎技巧性地把團體組織起來，並取得有關人員的承諾。

有效的小團體 ▶▶▶▶ ▷

　　主管深知日常一起工作的小團體，其對於組織的效率扮演著重要的角色。多年來職場的案例顯示，若能強化這些小團體，可使組織人力資源運用臻於最高境界。

　　在小的工作團體中，最易養成向心力和信任感。透過管理者的溝通和培養歸屬感，可加強「我們為一體」的團隊意識，有助於大家以組織、團體為傲。

　　部屬或團體間良好的溝通與合作，有利於組織的凝聚力。溝通的方法有：

1. 工作小組

　　定期召集部屬會談，以探尋需求、解決問題為導向，如此將有助於團體成員對彼此權責的認知，以確保所有資源之有效運用。

2. 主管間之協調小組

　　同一階層的主管一起策劃、協調工作和運用資料。

3. 跨部門協調委員會

　　部門之間良好的聯繫與溝通，則有利於生產力的提高以及各部門工作的流暢。

4. 專案小組

由少數各有專長的人所組成的短期團體，以達成某項特定任務。

永久或臨時組織下所產生的附屬系統，其所扮演之角色極為重要，而主管人員的主要職責是瞭解和管理這些小團體。因此，對於學習如何有效地組合和運用小團體的需求會愈來愈多。

掌握系統理念 ▶▶▶▶

縱使小團體對一位有效的管理者極為重要，但是了解組織的整個系統仍然有其必要。只有把作業系統和人力系統成功地結合在一起，組織才能良好運作。過去系統管理是高度機械化及理性，如今，組織氣侯、人力及心理因素等，在系統計畫中更是舉足輕重。

「稱職」的主管，不僅需要釐清整個組織系統，而且還要熟諳系統管理，唯有如此，方能有效地進行組織設計。

分配任務 ▶▶▶▶

管理者的主要責任即在於透過別人把事情做好。良好

的「分配任務」原則如下：

1. 分配任務前，先考量個人的條件和能力。

2. 觀察部屬對該項任務的準備程度和工作態度。部屬若對工作深感興趣，則圓滿達成任務的勝算也就愈大。

3. 交待任務須明確、清楚。每天交付工作的方式須一致。

4. 分配予部屬之任務需具備適度挑戰性，並讓部屬可發揮所長，增進職能。

5. 鼓勵部屬參與任務之決策及完成。

6. 向部屬說明工作的必要性及任務完成後對公司的貢獻度，以加深其成就感。

7. 對任務的結果提出回饋，尤其當部屬達成工作目標時，務必加以讚揚。

8. 避免重複浪費人力，一件工作無謂地重複做，不僅浪費成本，亦會打擊士氣。

重新調整組織的必要性 ▶▶▶▶

　　網路上曾流傳以下的這一則故事。有位經理就新接掌的工作，向即將退休的前任經理請益。老經理謂：「不必擔心！我留了三個信封在抽屜裏，有問題時，把它打開來

看。」

六個月後，工作老是不順。於是，他打開第一個信封。裏頭寫道：「做份研究」。新任經理就聘僱了一位顧問，來和他的部屬花了三個月的時間進行調查。這時，局面彷彿稍能擺平了。

然而，三個月後，更多的問題出現了。他於是打開第二個信封，裏面是：「重新調整組織」。職務的轉換和重新安排，讓他的部屬們忙了一陣子。但是，最後這位沒經驗的管理者，覺得問題又浮現了。懷著很高的期望，他打開了第三個信封，那上面寫著：「做三個信封！」

這個故事告訴我們，「重新調整組織」不是萬靈丹。有些主管老是意圖藉由重新調整組織來打開新局面，以為這樣能造成進步的印象，而實際上是產生混亂、無效率和低落的士氣。

光靠改變組織結構，而不協助部屬改善行為是無濟於事的。主管必須以輔導部屬學習新技能的方式，來改變部屬，才能改善情況。最有效的變革方法，就是強化個人和工作團體。

經驗告訴我們，只有必要時才可考慮「重新調整組織」。但前提是：必須先獲得相關人員充份的瞭解和支持。

有效的組織架構標準 ▶▶▶▶▶

參考成功企業的組織架構，其特性有三：

1. 一致性：架構須能持久穩定，即興式的架構，無法建立起有效的組織。

2. 凝聚性：組織是一個系統，為求有效運作，各個單位之間必須有秩序、合邏輯地互相關聯。

3. 適用性：各類型的組織架構各有特性，在什麼環境有什麼樣的組織架構，原則上以能配合整個組織目標者為最重要的考量。

總　結

　　把人員和工作環境組織起來的目的，在於使部屬的專長、力量能有效地交流及統合運用。若要能發揮效果，主管必須建立起適切的組織架構後，再藉由良好的溝通、參與和授權技巧來達成。

　　在任何組織中，為了達成共識與信任，工作小組佔有重要地位。一個組織的健全與否和生產力的高低，這些臨時或永久性的附屬架構——工作小組，扮演著極重要的角色。

　　「稱職」的主管不僅要有一般組織的理念，還需要以整個組織的角度來衡量事情，並熟諳組織管理。

NOTE

To be continued
....Story share

自得其樂的幻象

「這麼簡單的事，為什麼錯誤一再重覆？」陳經理好像吃了炸藥似的，一大早，每個部屬都難逃他不留情面的斥責。

陳經理是一位自基層一路升任上來的主管，公司在草創時期，他就跟隨老闆南征北討，立下不少汗馬功勞。無論是對公司的忠誠度，或是管理能力，皆能獲得老闆的賞識。

也許是「愛之深，責之切」的心態，陳經理雖然不遺餘力的培育員工，但是在工作上的要求甚為嚴厲，不容許部屬有絲毫的差錯。按照以往發生的案例研判，通常他口中所謂「簡單」的事，其實執行起來並不容易。

經側面瞭解，原來陳經理勃然大怒的原因是：上個月他要求部屬重新研擬的「工作手冊」，還是沒有人達到他所設定的標準。不！更正確的講法應該是：根本沒有人知道主管的「標準」是什麼？於是，大家默不吭聲的結果，就是各憑本事，勉強做出一份四不

像的文件交差了事。

　「究竟問題出在哪裡？一再交辦的事項，部屬依舊草草敷衍。」陳經理不解的向人力資源部門王協理吐出心中的疑惑。王協理拍拍陳經理的肩膀，意有所指的說：「**我提供三個檢驗點，供你參考：一、首先，你是否已清楚的描述完成工作的標準？二、再者，你是否已確認部屬對於完成工作的目標沒有疑慮？三、最後，也是最重要的，你是否已得到員工誓必達成目標的承諾？**」王協理特別再強調三者缺一不可。

　「**沒有得到部屬承諾的願景，只是主管自得其樂的幻象。**」陳經理心有所悟的喃喃自語。**目標沒有高低之分，只有決心有大小之別**，陳經理已經知道下一步應該如何穩健的往前邁進。

偷**拼**才會贏

人資工作者的管理
思維與故事分享

PART 4
管理思維

重視成果

以十分的準備迎接二分的工作，是登上成功階梯的基本態度；
而以二分的態度面對十分的工作，必將苦嚐失敗的惡果。

PART *4*

管理思維 重視成果

重視成果

　　主管的工作要有效果，必須要使部屬有效率地工作。管理者不僅要求其自我發展，更重要的是重視成果。他必須深切的體認：一個大公司的目標必須由一群平凡的人以不平凡的表現來達成。

「成果導向」的意義 ▶▶▶▶

　　許多主管努力使他們自己成為部屬心目中的長官，他們把被部屬接納視為一位好主管最重要的特質，然而，有這種觀念的主管無法確保他的單位能有高的生產力。同樣的，只顧著把工作做好的主管也別指望能有很好的工作成果。從職場上一些卓越主管的表現觀之，如果希望工作能有最佳的成果，則管理者必須同時關心所要做的工作及其部屬的福祉，如何兼顧兩者的平衡才是提高生產力之道。

追求成就的主管 ▶▶▶▶

　　管理者可以激勵部屬追求成就，欲達此目的最有效的方法是：由主管人員表現出追求成就的行為以讓部屬仿效。追求成就的主管人員有一些特殊的特性：

1. 為自己設定可達成但具挑戰性的目標。

2. 對自己和他人有很高的期望。

3. 對自己的行為負責。

4. 喜歡接受及給他人迅速及具體的回饋。

5. 相信他們的努力會有成果。

6. 以他們自己的能力來衡量他們自己的成果，而非以群體的規範來衡量。

成果導向的要素 ▶▶▶▶

要把工作做好，則主管必須注意到下列事項：

1. 完成工作的品質。

2. 完成工作的數量。

3. 完工的期限。

4. 工作過程的系統化特性。

5. 原料及成品庫存量的控制。

6. 裝備及設施的維護。

7. 適當的成本／利潤比例。

材料及設備的維護和控制 ▶▶▶▶

　　主管依賴部屬把工作做好，但是除非他們能夠在適當的時間、地點，有適當的材料、補給及設備來從事工作，

否則他們徒勞而無功。確保一個好的工作氣氛、有適當的材料、妥善的維護設備是主管人員的重要職責。

　　試想看看：如果材料和補給品不足將會浪費多少時間，主管必須要供給員工完成工作所需的原料或設備，假如原料不足，在等待原料補給的這一段時間內工作就會停頓下來。如果裝備或材料缺乏則容易引發衝突，有些員工會私下囤積他們工作所需的物品，如此一來使得原本已不足的物品更形短缺。

應注意的基本事項 ▶▶▶▶

　　既然維持和控制材料與設備對一位主管是如此的重要，有哪些基本的事項主管必須時時追以使得這些條件是在最佳狀況？主管人員必須確認下列事項：

1. 員工受過適當訓練，能夠妥善的使用設備和材料。
2. 員工了解維護設備的重要性，並且知道如何妥善的來維護設備。
3. 有計劃的實施儀器設備的運轉保養及預防保養。
4. 適量的材料及補給品。

員工的知識和態度 ▶▶▶▶ ▷

　　培養員工對於維護及操作的正確態度是任何改善計劃的第一步，最好的方法是善用員工參與，在融洽的氣氛下和他們討論切身相關的問題。

　　你不要認為依賴員工的協助是無能的現象，他們是實際的執行者，他們很可能知道問題出在哪裏以及如何來解決問題，他們知道何時需要什麼材料，何時機器需要維護或修理。身為主管，你要盡量運用他們所知道的，並製造和諧的氣氛使他們願意告訴你自身的需求。如果你肯放手讓他們去做，他們會想辦法使他們的工作更容易、更便捷、更安全，他們也會幫忙設法防止因機器故障或人為錯誤所造成的工作停頓。

　　你必須要好好的和你的員工溝通，並且和諧的和他們共事。在交付工作前，你要向員工說明你期望他完成的工作是什麼，同時不妨提供你的意見供他們參考，但你同時也要容許他們採用自己的方法來完成任務。這樣不僅可以培養員工積極主動的精神，更可激發他們的責任感。

　　你必須要訓練你的員工正確的、安全的來使用機具設備，如果員工對設備了解不足，則可能會有誤用的情形。許多機具設備的故障並非因為員工濫用或疏忽所引起，而

是因為他們不知道正確的使用方法。你必須花些時間訓練員工如何進行日常保養及長期預防保養，他們必須學會辦識那一些不安全的狀況以及處理的方法，當機器有一點小問題時能立即報告主管。

假如你沒有訓練你的員工了解他們所使用的機具設備，他們無從知道機具是否正確的操作運轉，不正常的操作運轉會被員工忽略，而本來是小問題的也就演變成難以收拾的嚴重後果。

預防保養的重要性 ▶▶▶▶

只重視生產的工作場所常常到了發生問題才會去注意到設備維護的缺失，而一旦出了問題，生產就必須停頓下來，直到找出問題發生的原因為止。顯然的，事前預防問題的發生，使機具設備能長久的維持正常的操作運轉，要較事後再來謀求補救好得多。因此，主管必須要慎重擬定設備維護的計劃，務必要將各項設備維護計劃日程排定且確實施行。

如何衡量結果 ▶▶▶▶

衡量工作的成果是必要的，因為主管需要這種訊息，

以便決定如何來分配自己的時間以及分派工作予部屬，而且這種資料亦可向上司顯示目前單位內工作的狀況。

有許多和成本有關的結果可以用來做為衡量的標準，我們可以衡量在預定期限內，某一個目標達成的程度，我們可以調查某一件工作目前的進度以及員工的工作表現，並以之與我們預期的工作結果作一比較。不論我們採用哪一種成本／利潤比較的方法來衡量成果，我們必須儘可能直接衡量某一特定的目標是否達成？達到預期目標的程度究竟如何？

要衡量某一件工作的成本／利潤，以下幾項需要特別注意：

1. 用以評估這個單位以及個人的工作表現的標準分別是什麼？

2. 在這個單位中，其成員的工作表現，和標準相較之下究竟如何？

3. 這個單位的實際表現和預期的表現相較又如何？

4. 有何可供運用的資源？

5. 這些資源運用的情形如何？

當我們有了這些資料，則我們可再深入的去探討任何實際表現與預期表現間之偏差，並採取必要的行動來矯正。

偷拼才會贏

人資工作者的管理思維與故事分享

總　結

　　企業主管人員不僅要關切把事情做好，同時也要照料到員工的需求。

　　要培養追求成就的員工，則必須要主管本身也是個追求成就的人，以做為部屬的榜樣。除了工作的質和量以外，追求成就的主管還應注意到預定完工期限，有系統的做事，控制物料以及維護機具設備。

　　維護並控制材料以及機具設備是主管人員的主要職責之一，這包括對機具設備進行預防保養、對員工施予訓練、並使員工無缺料之虞。

　　工作的成果必須加以衡量，這種資料一則可做為單位內管理用，二則可讓上司知曉目前單位內工作的狀況。

　　組織內需要追求成就的主管，追求成就的特性可經由學習而得，主管可教導員工追求成就的行為。

To be continued
....Story share

偷耕才會贏
人資工作者的管理
思維與故事分享

故事分享

失足的千里馬

　　上個月，我們人力資源部門新進了一位工作夥伴。頂著國立大學管理碩士的頭銜，他在人力資源規劃的能力上確實令人驚豔，也備受主管的肯定。

　　「明天早上九點鐘的會議，請你在下班前先將會議資料影印後，裝訂成冊。」主管在離開辦公室前，不放心的特地再叮嚀一次。也許是覺得明天上班時再準備也來得及，或者是認為「準備會議文件」只不過是一件芝麻小事，所以一直到下班前，他根本沒有執行主管交辦的業務。

　　隔天我一踏入辦公室，果然就看見他在影印機旁穿梭忙碌的身影。居於同事的情誼，主動上前關心他準備的情形，才發現平常好端端的影印機，今天早上莫名其妙的突然故障了。「怎麼辦呢？再過三十分鐘就要開會了，而主管交待的會議資料，我都還沒準備……」雖然是涼意舒適的辦公環境，斗大的汗珠卻從他蒼白的雙頰不斷的滑落。

　　氣急敗壞的主管立即動員整個部門的人員，將會

議資料以「分頭併進」的方式送到鄰近的幾家影印店。隨著會議時間一分一秒的逼近，人力資源部門的氣氛益加的緊張與不安。最後雖然同仁們火速的將會議文件送回辦公室，時間卻已經走到九點三十分，全體與會人員在會議室枯坐等待了半個鐘頭。

會議結束後，原先我們都以為將有一場暴風雨鋪天蓋地而來，也為這位一向被我們視為「千里馬」的新進夥伴感到憂心忡忡，當他俯首向主管及同仁表達歉意的這一刻。

「工作沒有輕重之分，只有決心有大小之別。」出乎預料之外的，主管卻以平和的語氣接著說：**「以十分的準備迎接三分的工作，是登上成功階梯的基本態度；而以三分的態度面對十分的工作，必將苦嚐失敗的惡果。」**

在邁向目標的過程中，真正的障礙，有時只是一點點的疏忽與輕視，亦即令千里馬失足的，往往不是崇山峻嶺，而是一根毫不起眼的小草。

偷⑰才會贏

人資工作者的管理
思維與故事分享

授權賦能

王課長認為「遵守公司規定」僅是在一般情況下的銷售準則，如果碰上特殊的情況，還是應善盡職責的分析利弊，選擇對公司最有利的方案。

管理思維 授權賦能

授權賦能

「分派工作」是把某一特定的工作，交給部屬去做，並指導他們完成的方法。要完成一件任務，主管除了分配工作外，還有其他事情要做。通常，比較聰明的做法是「授權」。

「授權部屬完成工作」意即授予部屬責任和權力去完成一項任務，並允許他們自行判斷，正確達成任務。例如：「請你負責檢查設備，把能修的項目修好，如有任何部份需要大修，再向我報備。」或「要外送的貨剛到，請你去看看哪些貨是否齊全，並把它們送出去。如果有問題，隨時來找我。」

有些主管堅持要授權，有些人則從不授權，只花時間來分派工作。授權和不授權的主管都有許多理由。

從不授權的主管說 ▶▶▶▶

「授權要冒太大的險。」（何況，這個工作我親自做的話，可以保證把它做好。）

「上司會認為我太懶了。」（我必須讓他知道，我很負責，從不推卸責任。）

「如果部屬能做得跟我一樣好，那麼他可能會取代我的職位。」（能幹的部屬，對我構成威脅。）

「部屬不願負責任。」（我認為他們很懶，除非有人催，否則就不做。）

「我沒有時間教他們怎麼做。」（自己做比較快）

「公司僱我來做決策，把事情做對。」（我不以為授權是我的職責）

成功的主管說 ▶▶▶▶

「我已訓練部屬，知道他們可以做這項工作。」（我信任部屬，他們可以做、有能力做，授權並不表示降低工作品質標準。）

「上司知道，授權是好主管的象徵。」（他知道授權並不表示我不行，而是我行，所以才授權。）

「部屬圓滿達成工作，我與有榮焉。」（我不和部屬競爭，我們是同一個團隊。）

「授權可激勵士氣，提高生產力。」（我相信部屬有心把工作做好，會把握機會表現所長。）

「訓練部屬工作，可以讓我更有時間思考如何提昇工作品質。」（當部屬對工作的投入愈多，主管就不用花費太多時間做例行性的事務。）

「公司僱我來做決策，重要決策之一是：「何時」該授權「何人」。」（正當的授權，是成功的主管很重要的一部份。）

有些主管不喜歡授權，是因為他們的職位經常異動，以致很少接受訓練，他們可能不知道如何授權。另外，早期授權失敗的經驗，也會導致他們不願再輕易嘗試授權。主管必須克服授權的障礙，因為授權可確保：

1. 部屬現有的能力得以發揮

2. 促進激勵

3. 認知特別的才能

4. 學習新技能或加強技能

5. 工作更有意義

6. 主管運用時間更有效率

「授權」是好主管善用的領導方式，它會使你工作運作更順利。

如何有效地授權 ▶ ▶ ▶ ▶ ▶

授權的第一步就是：主管和部屬就所賦予之任務達成清楚的共識，自問：

1. 我要部屬做什麼？（予以清楚之責任）

2. 為進行任務，需要什麼資源和管制？（予以必要之權力）

3. 我如何追部屬的工作情況？（確定他會負起責任）

4. 我期待怎樣的結果？（設定預期的結果）

授權時，一定要訂出明確的完成日期。如果任務所需的時間很長，和部屬一起訂出一張工作進行計畫表。

保持通暢的雙向溝通管道，在任務進行中，讓部屬隨時可以來向你請益。

任務計畫進行中，每檢視一項雙方事先約定的目標，就給予部屬回饋。讓他知道，任務做得有多好！任務結束後，如果他實在做得很好，就給他正面肯定的獎勵，並且告訴團隊的其他夥伴，他是如何完成這項任務的。如果任務可以做得更好，則採取一對一的方式，向他說明哪些地方該改善，鼓勵他任務的某些其他部份還是做得很好。

設法得知，你的部屬對適當的授權，反應如何？想想看，當他們知道任務要給他們做，且被賦予明確的責任時，會感覺如何？授權通常會讓部屬覺得自己：

　　更重要

　　更能幹

　　更值得（更好）

　　更願提高工作意願

　　更受尊重

　　更有價值

　　並不是所有的人都可以授權，各人因能力和工作意願而異。查閱每個人的人事資料，會有助於瞭解部屬的技能水準。花點時間和部屬談談他們的期望、興趣和過去的經驗，會有利於決定授權的對象。當然，決定授權對象最好的方法是：從日常工作中，觀察部屬的行為表現。

　　決定授權的對象和項目時，須先考慮部屬的技能和工作意願。有能力、工作意願又高的人，是最佳人選。設定某一特定工作，想想看有哪些人適合做這個工作，這樣會有助於你認清誰已具備必要技能，誰還需要訓練。值得注意的是：主管不能老把工作丟給同一個部屬，情況如果一

直沒有改變，那就意味著你須努力提昇部屬的工作意願和技能。

授權前，必須讓部屬接受技能訓練，這是有效授權的必經的歷程。如要充份運用一個人的才能，則主管必須擴大或豐富部屬的工作。如此不僅可以激勵士氣，更能夠增進部屬的能力。

如何增進部屬接受任務的意願？可行的方法是，找出他們的喜好和專長，授權他們去做。另一個方法是，讓他們參與目標設定，如此會有助於他們達成目標的工作意願。授權需視工作內容和部屬的技能來決定授權的範圍。有些任務較簡單，有些則很複雜，因而不能全部授權部屬處理。

所以，每次授權時，必須運用你的判斷力。授權不是「授」完就沒事了，而必須全程追蹤。你和部屬都會因有效的運作授權，而獲得職能的提昇。

能力 ⟶

意願

無能力亦不願意做	有能力但不願意做
＿＿＿＿＿＿	＿＿＿＿＿＿
＿＿＿＿＿＿	＿＿＿＿＿＿
＿＿＿＿＿＿	＿＿＿＿＿＿
（填入姓名）	（填入姓名）
前程漫漫	需激勵
願意做但無能力	有能力也願意做
＿＿＿＿＿＿	＿＿＿＿＿＿
＿＿＿＿＿＿	＿＿＿＿＿＿
＿＿＿＿＿＿	＿＿＿＿＿＿
（填入姓名）	（填入姓名）
需訓練	最佳授權人選

總 結

PART 5

授權賦能

故事分享 ▼ 雨中開車

下面幾個問題可幫助你自我檢查，是否已充分授權。它有助於發展你的管理技巧。這些問題中，有些因素是你無法控制的，但是好的授權必須考慮到這些因素。

	是	否
1.你不在場時，工作效率就變低了。	☐	☐
2.你的部屬一天到晚，都不斷地有問題向你請教。	☐	☐
3.大多數或全部的事情都由你做主。	☐	☐
4.士氣高昂。	☐	☐
5.部屬經常等人來告訴他們該做什麼	☐	☐
6.你很少被細節的問題所困擾。	☐	☐
7.很多好主意或建議都是由部屬提出。	☐	☐
8.你經常趕工，以求如期完工。	☐	☐
9.生產力不如你所預期的高。	☐	☐
10.你能找出一個或一個以上的人，在必要時成為你職務上的代理人。	☐	☐

偷拼才會贏

人資工作者的管理

思維與故事分享

	是	否
11.你是否和上司談過把工作下授的問題	□	□
12.你是否有時會去做那些部屬可以處理得很好的工作。	□	□

答對題數：＿＿＿＿＿＿（請參照所附答案）

　　答對題數若低於8或9：你未充份授權。如果你12題都答對了：那表示你正邁向成功主管之路。

答案：1.否　2.否　3.否　4.是　5.否　6.是

　　　　7.是　8.否　9.否　10.是　11.是　12.否

To be continued
....Story share

偷拼
才會贏

雨中開車

今天晚上的夕會，業務部的氣氛特別詭異，空氣中彷彿瀰漫著一股「山雨欲來風滿樓」的煙硝味。

業務一課的陳課長與業務二課的王課長分別帶領管轄的部屬分坐在會議桌的兩邊，兩軍人馬劍拔弩張的對峙態勢甚為明顯。主持會議的張經理聽完雙方的陳述後，如同法官一般即將作出宣判。

原來雙方的歧見是這樣發生的：陳課長底下有一位業務人員，業績表現雖是差強人意，平時也算中規中矩的執行上級主管交付的任務。上個禮拜三，有一位顧客開出每台低於訂價二萬的價格，想要購買公司即將推出新款的全部同型舊款產品，可是公司給他的權限每台僅能折價一萬元，於是，他請示陳課長後，在「遵守公司規定」指示下，放棄了這筆生意。

萬萬沒有想到，這位顧客竟然轉向業務二課的業務人員購買，當然他所堅持每台二萬元的折價，也順利的達到目的。**王課長認為「遵守公司規定」僅是在**

一般情況下的銷售準則，如果碰上特殊的情況，還是應善盡職責的分析利弊，選擇對公司最有利的方案。

「我們的新款產品下個月即將上市，屆時將會對同型的舊款產品產生排擠作用，甚至嚴重滯銷，再低的價格恐怕都會乏人問津。」王課長說明為何要以較優惠的折扣出清舊款產品的理由。

張經理先稍為緩和了一下會場的氣氛，接著出了一道問題：「如果在雨中開車，你跟著前面的車子緩慢的前進，你會不會開車燈？」「沒有必要吧！只要小心保持安全車距、跟著前一部車子行駛即可。」聽了陳課長的答案，張經理淡淡一笑。「你呢？王課長。」**「我會打開車燈，不單是為了安全性考量，最重要的是，我也有可能會成為頭一部車。」**

「散會。」張經理帶著滿意的笑容走出會議室，留下一臉若有所思的陳課長。

偷**拼**才會贏

人資工作者的管理
思維與故事分享

PART 6

管理思維

團隊動力

感謝當時自己碰上一群強勁的對手，由於他們的存在，讓我得以不斷的自找惕厲，如今開創了一小片微不足道的晴空。

管理思維　團隊動力

團隊動力

為提高生產力和工作品質，現代管理趨向於建立更小、可負更多責任的工作團體，以讓組織的成員承擔更多的任務。因此，管理人員及部屬都應重視團隊的建立。

部屬為何願意成為團隊的一部份？ ▶▶▶▶▶

團隊包括團員和領隊。一個小而簡單的團體怎會有如此大的力量？關鍵在於：團員對團隊的看法，以及團體在做些什麼，如何做？

一個有效的團隊，會讓團員覺得自己：

1. 為自己和組織做一件很有意義的事
2. 享受工作的樂趣
3. 更能掌握工作
4. 參與各種不同的工作
5. 貢獻一己之力
6. 習得新技能
7. 被承認被尊重

對主管而言，團隊是什麼？ ▶▶▶▶▶

團隊建立的初期，因成員彼此理念的差異，主管需花

費較多的心力整合。當一切步入軌道，團隊定型後，問題
自然減少。儘管還是會有狀況發生，但是團隊成員亦能主
動自行解決。部屬若能樂在工作，則任務大多皆能順利而
行，生產力自然可以提昇。

簡言之，好的團隊會助你成功，把事情做得更好。

團隊運作 ▶▶▶▶▶

團隊負責組織交付的某一項特定任務時，大多數採用
會議的方式，藉以擬訂計畫、訂定決策、解決問題和進行
評估。

當團隊成員習得技能，主管即可授予更大的責任，使
團隊成為一個自主管理、自給自足的單位。雖然團隊必須
遵從組織的目標和規定，但是他們仍有機會計畫和控制自
己的工作。主管所扮演的角色，比較近乎團隊的溝通者、
澄清者和協助者。

有時，部屬會堅拒為某一團隊工作，解決問題。他們
認為：一旦參與即表示必須為所發生的事情，分擔責任。

同時，他們可能為配合團隊目標，而需改變個人目
標。有些人覺得，自己可貢獻之力乏善可陳；有些人則不
願與他人協作，寧可自己獨力處理。儘管有這麼多阻礙，
主管仍然不能退縮，因為團隊的建立讓每位成員可習得新

技能，進而幫助別的成員完成任務。

　　當團隊成員彼此學習對方的優點，則每個人的能力更得以提昇，在面對新的困難和不同的任務時，覺得工作更具有挑戰性。主管由於把更多的心力集中在問題上，可收集到更好的意見，進而找出更好的解決方法。

當團隊運作良好時，領隊和團隊成員：

1. 對團隊的目標相當清楚且有共識。

2. 對問題感到自己也有一份責任，而不是一味責怪他人。

3. 共同分享意見。

4. 聽取他人的意見，尊重他人。

5. 多說「我們」以代替「我」。

6. 互相了解和共用彼此的「知識」（KNOW--HOW）

7. 互相支持援助。

8. 對別人的幫助，心存感激。

9. 認知彼此間之差異和不同之意見，並處理之。

10. 鼓勵其他團隊成員發展。

11. 對組織及團隊效忠。

12. 依事實訂決策，不感情用事，隨心所欲。

　　有效的工作團隊，需要花很多時間和心力才能得到。身為主管，你有許多步驟來幫助團隊運作順利。次頁所列之項目，對主管在建立和管理團隊上，非常重要。

　　請詳填右列之項目，左欄表示「重要性」，右欄表示「經常性」。

　　做完後，再檢視一遍，注意那些你認為「重要」的項目。然後，再看看右欄，有沒有任何項目是你「從不」或「很少」花時間去做的？如果有的話，請多留意這些項目。

總　結

　　　　團隊協作對組織、主管和部屬都有益。

　　　　當團隊成員習得技能，就會對他們自己的行為負更多的責任，主管則扮演著指導者和教練的角色。

　　　　有些人會抗拒加入團隊運作，因此必須藉由主管的協助，讓強烈的「同舟共濟」的氣氛和必要的技能建立起來。

　　　　有效的工作團隊並非垂手可得，它要花很多的時間和心力。身為領導者，責無旁貸。

重要性

不重要	有些重要	重要	很重要		**經常性**			
					從不做	很少做	有時做	常常做
				1.維持良好的溝通。				
				2.傾聽團隊成員的意見,並對其看法表示尊重。				
				3.花時間了解成員的工作技能狀況。				
				4.探詢部屬個人興趣所在。				
				5.與團隊取得共識,設定目標,擬訂計畫。				
				6.嘗試建立一個輕鬆舒適的工作環境。				
				7.認同團隊成員並討論他們對組織的貢獻。				
				8.讓團隊成員知道組織的最新動態。				
				9.看出團隊工作上的困難。				
				10.加強團隊成員解決問題的技巧,並藉釐清問題式的交談,來協助團隊運作。				
				11.客觀考慮團隊成員所提之新方法。				
				12.鼓勵團隊成員傳授知識予他人。				
				13.對團隊是否執行其所提出之建議,進行追蹤考核。				
				14.與團隊成員討論團隊的運作情況。				

NOTE

To be continued
....Story share

偷**拼**才會贏

人資工作者的管理
思維與故事分享

故事分享

有對手，真好

　　我有一位住在南台灣的朋友，平時以養殖鰻魚為生。他養殖的鰻魚頗受當地居民的喜愛，事實上，他只不過是眾多養殖戶當中的一家，我實在看不出他養殖的鰻魚有何過人之處。

　　適逢假日，我依約南下造訪。剛好今天有批發商要向他採購大量的鰻魚，我理所當然的成為他的臨時助手。不一會兒的功夫，他已經熟練的裝好一箱又一箱的鰻魚，可是，令我感到不解的是：為什麼他在每一箱的鰻魚群中，又再放進幾條我叫不出名字的雜魚呢？

　　朋友看出我的疑惑，笑笑的說：「**這是一種名為狗魚的魚種，鰻魚與狗魚是出了名的『死對頭』。當成箱死氣沉沉的鰻魚碰上來勢洶洶的狗魚時，便會激起鰻魚撼衛生命的戰鬥力，活蹦亂跳的在它生存的領域上自力求生。**」

　　原來，鮮活的鰻魚，可以換取購買者願意出較高

的價格，而朋友幾乎無須支付昂貴的成本，僅是運用鰻魚生命中的天敵，便輕易的達到目的。

回程途中，看著窗外飛逝的景物，我不禁回想起在職場多年來，個人沉浸在專業領域中烙印的刻痕。我曾經被拒於大學窄門之外，退伍後半年找不到工作，謀職曾經被騙，工作上被黑函中傷，參與選拔資格不符被退件……。

感謝當時自己碰上一群強勁的對手，由於他們的存在，讓我得以不斷的自我惕厲，如今開創了一小片微不足道的晴空。

偷拼才會贏

人資工作者的管理
思維與故事分享

PART 7

管理思維

績效評估

有一隻鳳凰，在主人的安排下，長久以來皆與烏鴉住在一起。
鳳凰漂亮的外表、鮮艷的羽毛、悅耳的鳴叫聲，在在都令烏
鴉欽羨不已。於是，鳳凰在一個倍受群鳥愛戴且毫無學習機
會的環境下，漸漸的喪失成長的動力……

管理思維 績效評估

績效評估

考核部屬是一項艱難的工作，它是管理人員最不喜歡的工作之一，部屬與主管均不期盼考核時間的到來。身為主管就必須為你單位的成果負責，你也就必須負責考核及提升所屬的工作能力。

什麼是考核？ ▶▶▶▶

埋怨與批評不是考核的目的，考核的目標是協助員工經由下列方法把工作做的更好：

1. 增進上下間的溝通、合作和瞭解。

2. 釐清工作成果要求。

3. 給予部屬提升工作效能所需的支持。

4. 確認需要再改進的事項。

5. 有計劃的提升所屬能力。

6. 協助部屬瞭解他在達成組織目標中所應扮演的角色。

7. 紀錄部屬的貢獻與進步情形。

8. 瞭解部屬的需求及所遭遇的問題。

　　成功的考核，部屬的能力會因而提升，而且信心亦會加強，公司及個人均會蒙受下列益處：

1. 部屬瞭解他的責任及你的期望。

2. 瞭解未來的工作計劃(這比一味討論過往的錯誤要好得太多)。

3. 較好的工作計劃過程（協助部屬設定工作優先次序）

4. 瞭解授權的範圍。

5. 個人目標與組織目標結合。

如何做有效的考核？ ▶ ▶ ▶ ▶

　　管理者在考核部屬時，請思考下列的問題：

應多久考核一次？

　　一年一度的考核過於僵化，累積一年下來的績效已成定局，難以獲致修正與改善的效果。另外，有些部屬需要較多的協助與指導，故主管應視實際的需要，在各個不同的職務中設計長短不一的考核期限。

應給予多少負面的回饋？

　　大多數的人於獲悉太多的負面評價後，便把自己防衛起來，不願進一步負起責任，故好與壞的述與批評必須有所

平衡。主管在進行考核面談時，開始與結尾最好是正面的評述，負面的評述也要有所限制。然而最重要的是，無論是正面或負面的評述，皆必須有正確的或事實根據。

考核面談時應強調什麼？

考核面談結果應強調未來目標的釐訂，設定彼此同意的目標。任何未經員工承諾的目標，最後都只是主管自得其樂的幻象。

薪資討論與績效考評應否應同時舉行？

績效考評時主管扮演著教導的角色，若同時討論薪資調整，會使主管的角色有所衝突，最好擇期另行討論。

正式的考核面談進行步驟如下：

1. 親切的招呼。

2. 說明考績的功能。

3. 可能的話，從表現好的地方談起。

4. 討論所屬的責任（應採用雙向溝通方式進行討論）

5. 引導出所屬的看法。

6. 達成議定工作目標與工作標準。

7. 針對目標，問問部屬他希望你如何協助他完成目標。

8. 指出為達成目標，部屬必須做的工作項目、完成期限及定期檢討時間。

9. 說明所屬若完成工作目標時，他可以獲得的獎勵。

10. 紀錄面談結果，並影印給所屬留存。

11. 應追瞭解所屬工作狀況並傾力相助。

給予協助及回饋 ▶▶▶▶

　　考核面談結果的追蹤，通常包括訓練與教導，在瞭解工作進度與給予適度支持時，必須清楚此時是否適合需立即修正。關注所屬的行動並做記錄，選擇適當的時刻給予建言，舉出何事做得很好，何事需要再改善。

總　結

　　　一個有效的考評作業可提供肯定的回饋，澄清工作職責，瞭解上司對下屬的期望，以及如何做得更好。

　　　給予回饋是主管的責任之一，在適當的時刻以正確的方法給予建言，應有助於所屬改進缺失。

To be continued
....Story share

偷拼
才會贏

偷拼才會贏

人資工作者的管理思維與故事分享

烏鴉與鳳凰

故事分享

烏鴉與鳳凰

　　小張在這個月初，突然沒預警的遞出辭呈，不僅讓他的主管感到訝異，也使得辦公室同仁私下議論紛紛。

　　一如大部份員工離職常寫的三大理由：「家中有事」、「另謀他職」、「志趣不合」，小張在辭呈上抒發的離職原因也類似如此。不過，令人不解的是：小張的家中最近喜事連連，未曾聽聞有何煩心之事；工作表現亦在同儕之上，頗受主管的倚重。實在想不出令他興起「不如歸去」念頭的真正理由。

　　主管在他的堅持下，只好批准他的辭呈。按照公司的規定，離職人員必須經由人力資源部面談，實地瞭解離職的真相且擬具面談記錄，以作為異常管理的依據。

　　這一天用過午餐後，小張依照約定的時間來到面談室。「對不起，讓經理久等了。」小張很有禮貌的向已在面談室等候的陳經理致歉。

　　「請坐，我也剛到不久。」陳經理技巧性的暖場後，按照慣例以「三明治批評法」切入主題。

　　「你的工作表現深獲主管的肯定，考績年年也都

88

在甲等之上，甚至是公司極力培育的儲備幹部人選，......」連續一番讚美，陳經理接著說：「如果能夠知道你離職真正的原因，將對公司的離職管理有莫大的幫助。」

聽完陳經理懇切的開場白，小張的心防卸下一大半。「經理，您聽過一個烏鴉與鳳凰的故事嗎？」「有一隻鳳凰，在主人的安排下，長久以來皆與烏鴉住在一起。鳳凰漂亮的外表、鮮艷的羽毛、悅耳的鳴叫聲，在在都令烏鴉欽羨不已。於是，鳳凰在一個倍受群鳥愛戴且毫無學習機會的環境下，漸漸的喪失成長的動力。有一天，主人將它帶往一座鳳凰園，當下它驚恐的發現：相較於園區內的鳳凰，它簡直遜色得抬不起頭來。」

「經理，我不能繼續在一個沒有學習氣氛的組織中，沾沾自喜的當一隻虛有其表的鳳凰。」小張終於說出他離職的真實原因。

結束了這一場面談，當陳經理走出商談室時，恍惚之中，驚覺有一群黑色的影子在他眼前飛過。

偷拼才會贏

人資工作者的管理

思維與故事分享

PART 8

部屬發展

放手，不會太難，只是一個心念的轉換。

偷拼才會贏

思維與故事分享

人資工作者的管理

PART 8

管理思維　部屬發展

部屬發展

「差勁的公司可能有優秀的管理者，但沒有優秀的管理者就沒有傑出的公司」。好的主管能夠關心、投注時間及金錢來開發員工能力。

主管可以非正式培育部屬能力，例如：分配具挑戰性的工作，授權部屬完成工作。但除非正式的方式外，也需要一些正規的方法。

什麼是訓練及教導 ▶▶▶▶

為獲得有高素質的人力，你可以嘗試下列二個方法：

1. 僱用已有工作經驗，能把工作做好的人。

2. 僱用新人，加以訓練。

上述二種方法，以訓練新人最為實際可行。

訓練意指：在交給他工作之前或第一次交給他工作時，養成他工作必備能力。換言之，即在工作前培育部屬工作所需技能。

教導是平常例行工作指導，以便所屬有能力執行任務，承擔責任。

訓練與教導都需要好的工作氣氛，身為主管除了熟悉

訓練教導的實施步驟，且需要瞭解部屬在什麼狀況下學習效果會較好。

建立起氣氛 ▶▶▶▶

很多主管只懂得如何當「裁判」、「執法者」，但若僅止於扮演這些角色，則其部屬必定會感覺到自己並不重要，他們不需要學習與成長。教導意指主管應做為部屬的協助者，簡言之，教導關係需要建立：

互信：互信是經由公平、誠實、可依賴的行徑來建立，必須以友善、不背信、不威脅、不理怨為基礎。

支持：支持及信任部屬，給予必須的獎勵，幫助他們達成工作目標。

溝通：溝通乃指雙向式的分享資訊，及聆聽別人的話語。

參與：參與即讓所屬參加與他有關的計劃與決策研訂，亦即請他們提供意見，並採納他們的建議。

學習原則 ▶▶▶▶

學習的最終目的即改變行為，並不只是知道而已。真正的學習是你能以新的方式來完成工作，認同以下的原則：

1. 有學習的動機。

2. 瞭解學習的重要性。

3. 相信所學的好處。

4. 不受過大的壓力與威脅。

5. 有自信，相信自己有能力再學習。

6. 有不同的學習方式。

7. 邊做邊學。

8. 有機會練習。

9. 瞭解自己的進步狀況。

10. 表現好時，獲得獎勵。

　　不同的學習方式有不同的學習效果，據報導指出各種學習方式的記憶量：

10％	讀
20％	聽
30％	看
50％	看及聽
70％	談
80％	實際應用
90％	教別人

　　因此，你必須以不同的方式來教導，尤其是以「教學相長」的方式。

　　實施訓練時必須妥為計劃，最好能掌握下列原則：

1. 確定你要他們學什麼。

2. 瞭解他們的程度（已知道什麼）

3. 根據他們的程度，修正你的教學目標。

4. 讓學員瞭解教學目標。

5. 說明本項訓練對公司及個人的重要性。

6. 以清晰、按步就班的方式說明，並強調較難的部分。

7. 徵詢是否有問題，如有必要再複述一次。

8. 指導學員實地練習。

9. 看著他們練習。

10. 糾正。

11. 詢問學員問題，確保他們瞭解學習內容。

12. 讓學員自行練習。

13. 提供回饋，並協助他們再修正。

14. 獎勵他們的進步。

15. 監督、追、評估，並告訴學員你所看到的。

如何看待部屬犯錯 ▶▶▶▶▶

主管必須記住，部屬就算竭盡所能，也會有犯錯的時候。通常發生錯誤時，我們總是著重於找個人來指責，而不是趕快設法解決問題；總是急著把它隱藏起來，而不是儘快找出發生錯誤的原因。

你和你的部屬不應為錯誤感到驚慌，錯誤提供學習的機會。當一個主管，必須藉著錯誤機會，讓所屬學得較好的工作方法。

如何處理部屬犯錯 ▶▶▶▶▶

下列9項處理部屬犯錯的方法，可以作為主管的參考：

1. 不要忽視錯誤，錯誤通常不會自行消失，還可能擴大。

2. 發現錯誤後，及時跟催並提出矯正措施。

3. 保持冷靜。

4. 與犯錯者私下約談，不可以父母責罵小孩的方式訓誡。

5. 請部屬說明事情經過，不要瞎猜。不要道聽途說，要強調事實。

6. 就事論事，不要針對人身攻擊。

7. 以解決問題的方式進行（發掘肇事原因，謀求對策）。

8. 利用該機會，協助部屬學習正確的工作方法，糾正發生錯誤的原因。

9. 將處理過程作成標準化，以利部屬遵循。

　　一個好的主管應善用走動管理，以便瞭解誰做得好，並適時給予適當獎勵。當他發現部屬做得很好時，應立即回饋：

1. 告訴他，他做的很好，並舉出具體的事實。例如「小周，你處理包裝工作又快又好，並且在限期前完成。」

2. 告訴他你對他所做所為的感受。例如「你能如期完成維修工作，我感到非常高興，我覺得我應該向上司報告。」

3. 讓其他部屬人瞭解你工作進步狀況。例如「我想讓你們知道，小周上個月業績成長10％。」

　　另外握手或拍拍肩膀的方式也可以強化你的獎勵。

防止犯錯 ▶▶▶▶

　　預防勝於治療，主管應多花一點時間事先防止可能發生的錯誤。

明確的規章與標準化的工作方法可以避免犯錯，如有規章不合理或不能徹底執行，應設法修改。

好的訓練也可避免犯錯。糾正錯誤行為、不好的工作習慣及不好的工作態度也可以減少犯錯。

何時需要訓誡 ▶▶▶▶

當訓練、輔導及教導均無效時，必須採取其他行動。有關步驟如下：

1. 問問該員問題的真相。「發生什麼？」「你做了什麼？」「你應該做什麼」

2. 聽其傾訴，然後明確的告訴他你對該問題的看法。「小周，這個月你已經遲到了5次。」

3. 給部屬發言的機會，聆聽其說法。

4. 直接、清楚地發問。「請你說明出勤異常的原因。」

5. 告訴他你對這種行為的感覺。「我不喜歡遲到的人，因為那會增加別人的負擔。」

6. 問他如何糾正這錯誤，協助他擬定經彼此同意的改進計劃。

7. 告訴他（如果上述所擬計劃不被執行時）你將採取的行動。向他說明你為什麼這樣做，假如還有其他約定切結書，就要照約定辦理。

8. 保留紀錄，並請當事人簽名後給他一份影本，如他不簽名，亦應註明。

9. 追蹤後續發展情況，如有改善，則獎勵他；如故態復萌，則按前述同意過的處置方法來處理。

填入適當的順序號碼 ▶▶▶▶

如果你知道員工犯了錯誤，你會採取什麼因應措施？在你要採取的第一個措施前面寫上「1」，第二個措施則寫「2」，以下依此類推。

＿＿＿ a、共享事件發生的資訊。告訴其他人這問題是如何解決，以便他們不再發生同樣錯誤。

＿＿＿ b、藉訓練、獎懲等手段，讓員工遵守規定，設法預先防止犯錯。

＿＿＿ c、犯錯事情發生後，即刻進行矯正及教導措施。

＿＿＿ d、發現錯誤，並詢問當事人事情發生經過。

＿＿＿ e、監視問題發展狀況，瞭解因應對策是否有效。

＿＿＿ f、與有關人員構思問題解決對策及補救辦法。

＿＿＿ g、瞭解事實，發掘問題原因。

答案： a7 b1 c5 d2 e6 f4 g3

總　結

　　使員工熟悉工作並不斷學習新的技能可以提升人力資本。每個公司都需要訓練與教導，但訓練比較正式，通常在賦予新工作之前即應實施，教導則是日常工作的指導。

　　訓練與教導必須在信任與支持的氣氛下實施，效果才會顯而易見。在此情況下，才能有良好的溝通與高度的參與。

　　主管必須熟稔學習的原則：

　　1.告訴他怎麼做

　　2.做給他看

　　3.讓他做看看

　　4.看著他做，並協助他把工作做好

另外必須記著，給予適度的鼓勵。

　　我們都是人，人都會犯錯，當錯誤發生時，要設法發掘犯錯原因並修正它，犯錯提供部屬一個改善的機會。

　　管理者應藉著訓練、日常教導，協助部屬瞭解有關規定。對表現好的部屬給予鼓勵，可以協助養成正確行為；當需要議處時，也必須遵循明確、公平原則，讓當事人瞭解錯的地方，改正不當行為，並能避免別人對你處置不當的埋怨。

To be continued
....Story share

偷拼才會贏

人資工作者的管理思維與故事分享

故事分享

放手不會太難

　　經過多年的努力，業務部門的陳課長終於在今年年初升上經理的職位，原本只是帶領十人的小主管，搖身一變，成為統率三百個業務悍將的大將軍。

　　業務部門是公司生存的主要命脈，陳經理當然深諳自己責任的重大。上任三個月以來，他一如往昔的表現出兢兢業業的工作態度，不僅直接參與各個業務單位的例行運作，甚至每一個業務人員的工作進度，他也能夠隨時掌控。彷彿只要他稍一疏忽，就會引發不可收拾的風暴似的。

　　陳經理底下管轄二十個營業據點，每個營業據點配置一位業務主任，有時候，任務一緊急，陳經理還會御駕親征至各個據點召開會議，讓業務主任與其部屬一起領受他的旨意。

　　「上任以來，為什麼不曾有過單位主管來向我反映問題？」有一天，陳經理看完第一季的銷售報表，正在納悶為何整體業績普遍衰退時，突然如大夢初醒般的警覺事態異常。

　　於是，他趕緊召回二十位單位主管，藉著舉行業務會議之名，其實是想探詢事件背後潛藏的真相。

　　「謝謝各位主管在我接任經理後所付出的心力……」陳

經理以感性的口吻開場，接著說：「今天的會議除了例行性
的業務檢討之外，主要的重點，在於探討人員的管理，請大
家多多提供你們的意見。」語畢，全場一片靜默。

陳經理直接點名最資深的業務主任：「林主任，請表達
一下你的看法。」

「報告經理，我只有一個想法：我可以直接指揮我的部
屬嗎？」話一出口，每個人的表情雖然震驚，卻又顯露出「
心有戚戚焉」的認同感。「**經理對於每一件事情親力親為，
已經讓我們應該擔負的責任蕩然無存，而且部屬也無所適從。**」

**原來，問題的癥結是：剛升任經理的這段期間，他還是習
慣性的扮演執行者的角色。自以為掌控每一細節的做事方式，
其實已架空了組織內部分層負責的運作機制。**難怪大家不曾
向他提出問題，因為那是「經理」的問題。

「當然！你的部屬本來就應該由你指揮，我會重新回到
屬於經理的位置。」陳經理差點忘了大家還在等待他的回答。
從他充滿自信且愉悅的走出會議室，我相信他已找到問題潛
藏的真相。

放手，不會太難，只是一個心念的轉換。

偷拼才會贏

人資工作者的管理
思維與故事分享

PART 9

衝突管理

正確的態度不會因為風雨來襲，而受到搖撼。如果我們不「隨風起舞」，我們將是情緒的主人，而不再是個讓別人操控情緒的奴隸。

管理思維　衝突管理

偷拼才會贏

人資工作者的管理
思維與故事分享

衝突管理

　　個人與組織間，衝突是正常且難以避免的，當發現彼此間的目標無法相容時，衝突即會產生。

　　在有壓力與改革的情況下，衝突會大幅增加，設若不加以處理，付出的代價可能很高，但若處理得當，獲致的成效也大。

　　主管在維持組織運轉及單位生產力上扮演著極重要的角色，他如瞭解衝突的過程與影響時，則比較能善於處理這種狀況，減少其破壞力。

　　只要不和諧的狀況一存在，衝突似乎就不可避免，完全消除衝突不但不可能，似乎也不正常。在有些狀況下，對方所提出的構想正是改善的途徑。

歧議的本質原因 ▶▶▶▶

　　為了管理衝突，就必要充份瞭解歧異之處及其形成原因，分歧可能存在於事實、目標、方法及彼此的價值觀。

　　其主要形成原因，係由於我們的環境、個性、技能、角色互不相同，因此對一件事情的認知也就不相同。例如工會幹部與主管對員工問題之認知應有某種程度的差距，

　　此係由於他所扮演的角色，個人目標與價值觀不同，因此對事件的解釋也就不同。

衝突的種類 ▶▶▶▶▶

衝突存在於每一階層，它可分為：

1. 個人內在衝突：個人的需要、期望與其職責、角色衝突。

2. 人際間衝突 ：二個或二個以上的人對一件事情的看法不一致。

3. 單位內的衝突：個人對目標、訴求、關心的焦點與其所屬團體不相容。

4. 單位間的衝突：單位間的看法不一致。

5. 個人－單位衝突：單位所設定的目標優先順序與個人的不同。

衝突的負面與正面影響 ▶▶▶▶▶

　　探討衝突的正反面影響，可幫助我們瞭解衝突的存在，且較願意負起責任來處理它。在一封閉、保守的組織內，衝突問題可能導致嚴重的後果，但在鼓勵溝通與協商的組織內，衝突反而可以減少問題。

當衝突持續下去不被處理時：

1. 個人間、團隊間的溝通減少

2. 合作程度降低

3. 緊張壓力提升，缺勤、離職率提高

4. 生產力受影響

當面對衝突並設法處理時：

1. 確認問題並加以處理

2. 接受不同的認知，產生新構想

3. 產生新的方法、途徑

4. 澄清立場

5. 信任程度提高

衝突處理方法 ▶▶▶▶

不少管理的理論指出二個衝突處理的基本要因：

1. 堅持程度——個人努力滿足其期望的程度

2. 合作程度——個人企圖滿足別人期望的程度

　根據這二個要因可建立如下之五個模式：

1. 逃避——不合作也不堅持，不追求自己及他人的期望，
　自衝突上退下來，旁觀問題，延後面對衝突（當一個
　人感到其力量不足以處理或沒有足夠的能力來處理問題
　時，會設法避免衝突，但逃避的結果，雙方可能都有損
　失）。疑慮、誤解、利益是衝突的起因，逃避只提升其
　度，並無法消除。

2. 容忍——不堅持但合作，忽視個人的利益來滿足別人的

需求，情願贊同別人的看法（假如放棄太多，以求問題解決，對方是贏方，你的讓步可能只是假象）。

3. 妥協——某種程度的堅持與合作，藉著雙方的讓步尋求對策（這種模式，雙方都不是贏家，不滿意情形可能持續，衝突也可能提升）。

4. 競爭——堅持但不合作，運用權力犧牲別人來追求個人的期望（當你利用權力威逼利誘，則可能產生敵意、焦慮及對立）。

5. 協商——亦堅持亦合作，雙方合作積極尋求對策（雖然可能是最耗時的方法，有好的談判技巧則雙方都是贏家，成果也最豐碩）。

獲致協議 ▶▶▶▶▶

　　主管必須深刻體認：衝突的存在與面對衝突是必要的，且協商是最有效的衝突管理方法，所以學習談判技巧是當務之急。

所需的技巧是：

認知衝突的本質

　　基於事實歧異較基於價值觀歧異來得易於處理，確實瞭解衝突原因是衝突管理的第一步。

進行有效果的討論

　　進行討論不單指把人集合在一起而已，必須妥為運用策略，才不致於導致自我防衛。身為會議主持人，不可讓雙方相互攻擊或互貶對方，應鼓勵雙方說明他們對問題的瞭解情形及所可能造成的影響。

聆聽有關意見

　　聆聽有助於釐清問題真相。讓雙方表明其立場是維持順暢溝通的有效途徑，在這種氣氛下，自我防衛會降低，雙方皆滿意的「雙贏」方案比較有可能達成。

運用解決問題的技巧

　　在真正進入解決問題階段前，建立雙方的互信是非常重要的關鍵。解決問題技巧的主要步驟如下：

1. 以指出雙方需求所在的方式界定問題。

　　澄清問題的本質及原因，確定雙方的目標所在。

2. 尋求及發展可能方案

　　使用腦力激盪法激發構想，但切勿妄加批判。

3. 評估各種方案

　　探討各方案的含意及實施後的可能後果，避免一贏一輸的方案。

4. 選擇一個可行方案

選擇一個雙方都會接受的方案，如此雙方才會許下承諾，協力克服衝突。

5. 實施計劃

研定目標及人員計劃，雙方應討論獲致協議。

6. 評估過程、進度及成果

研定計劃時即應考慮如何追蹤工作成果，雙方應保持密切接觸，確保衝突已被妥為管理。

總　結

衝突是不可避免的，但你不可能置身事外，因為它不可能自動消失，你必須面對它，很有技巧的處理它。

主管在衝突管理上扮演著很重要的解色，衝突有時是建設性的，為推展某些改革方案，有些程度的衝突是必須的，但它必須妥為管理。

管理人員必須學會如何消除衝突的破壞力，學習如何界定衝突，有效地按步協商，獲致雙方皆可接受的方案。

To be continued
....Story share

做情緒的主人

　　公司有一位新進員工小張，每天早上一踏入辦公室，就會以愉悅的態度、開朗的笑容向大家問好。可是，並非每一位同事都能笑顏以對，甚至有人還無動於衷的回敬一張臭臉。

　　有一天，我再也忍不住的問他：「難道你沒有看到他們那種不屑的態度嗎？」「有啊。」小張回答的語氣彷彿什麼事情也沒發生似的。「那你為什麼還要對他們如此客氣？」我不解的追問。

　　於是，小張告訴我一則流傳在網路上的故事：「有一天，佛陀行經一個村莊，卻有人對他說話很不客氣，甚至口出穢言。佛陀站在那裡仔細地、靜靜地聽著，卻沒有任何反應！佛陀說：『我是根據自己在做事，而不是跟隨別人在反應。』」

　　「**我為什麼要讓別人的表現來決定我的行為？**」小張作出一個令我讚佩的結論。當下，我終於明白：**正確的態度不會因為風雨來襲，而受到搖撼。如果我們不「隨風起舞」，我們將是情緒的主人，而不再是個讓別人操控情緒的奴隸。**

　　當觀念改變，態度就會跟著改變；態度改變，行為就會跟著改變；行為改變，命運就會跟著改變。你願意改變嗎？

偷拼才會贏
人資工作者的管理
思維與故事分享

PART 10

善用時間

工作時要給自己找樂趣，工作之後更要找樂趣，不必等到退休，更無須假手他人，只要具備實踐的態度。

管理思維　**善用時間**

善用時間

　　每個人一天都有24小時，你不能用金錢購買，只能利用它。時光一去，就無法再追尋。既然時間有限，我們必須學習如何使用時間。

　　運用時間之重要，理由如下：第一，使用時間是把工作做好的要素之一。第二，身為主管，使用時間得當與否會影響屬下的工作效率。主管或部屬浪費時間，就是消耗成本。第三，你知道如何做好時間管理，就可以使得工作壓力減少。

　　實際上，當你工作的時侯通常有兩種時間供你選擇，無法控制的時間與可以掌握的時間。所謂無法控制的時間就是身不由己的工作。比方說，早上老闆臨時召開一個會議，但是10點你已安排拜訪一個重要的客戶。可掌握的時間是你可選擇的工作，在大部份的上班日子裏，多數時間是可以掌握的。

自我管理 ▶▶▶▷

通常主管都認為管理員工是首要工作，其實不然。最要緊的是先管好自己，隨時注意單位的內部事務及一般業務。這些日常事務及細節都得留意，如此組織內的例行公務才能運作順暢，例如，你得執行規章，監督員工，呈遞報告……等等。

另外，若有緊急的工作，你也得立刻妥善處理。比如說中止不當的作業，處理意外事件或處理員工問題。

你的第一優先是撥出一大段時間讓自己好好計劃和評估，這才是專業經理人的主要工作。在這方面投注愈多的心力及授權愈多，就會將自己的時間管理做得更好。

想想看，唯一確定能管的就是你自己。自己的時間自己支配。是你來主宰時間而不是被時間牽著鼻子走。如果你要組合工作，設立優先次序，徹底執行任務，除了做時間的主人外，別無選擇。

浪費時間 ▶▶▶▷

主管的時間常被瓜分，其中一部分的時間都流於浪費。

對這些不必要的浪費應有所警覺，才能讓寶貴而無法彌補的時間免於損失。下面事件都能導致你浪費時間：

1. 缺乏明確目標及詳細的規劃。

2. 未設定優先次序。

3. 試圖一次解決太多的事。

4. 做了一大堆原該由部屬做的事。

5. 太多電話與訪客。

6. 太多不必要的會議，或是開會目的不夠明確。

7. 未把對部屬的期望與其溝通。

8. 該說「不」的時侯，說不出口。

9. 過度督促部屬。

10. 未將事情作通盤考慮就叫部屬動手。

11. 保存不必要的記錄。

12. 處理原可防止的危急狀況。

省時祕訣 ▶▶▶▶▶

　　一旦你學得如何自我管理，就有許多省時秘訣供你運用。仔細想想看你是否用過下列招數；

1. 挑出不必做的事予以拋棄。

2. 把事情交給其他能幹的人。

3. 與其讓員工等你授權，不如直接交由有能力處理的員
   工去做。

4. 凡事事先組織與規劃。

5. 先處理重要的工作。

6. 保持工作環境清爽。

7. 把大工程分作有條理的單元個別處理。

8. 運用團隊來解決問題（大家合作來解決問題）。

9. 找到所有的相關因素再仔細考慮。

10. 儘量及時做決定而不要拖延。

11. 設定合理的期限並通知部屬。

12. 說「不」。當你確定時間遭到不當的佔用時，委婉而
    堅定地說「不」

幫助部屬管理時間 ▶▶▶▶

　　部屬需要你的幫助與指引，管理意即經由部屬協助達
成工作。指點部屬運用時間，不但增加效率也可提高單位

的生產力。

別讓自己成為耽誤部屬時間的絆腳石。稍不留神，你就會拿不急的工作來干擾部屬，如果你遲不作決定或溝通不好，就會誤部屬的時間；你是否常讓部屬等你的指示，或大家都到齊了就等你一個人來主持會議？

上行下效，好的行為模式確能幫助部屬，如果你缺乏計劃又讓其他干擾來延緩你的工作，部屬會有樣學樣。假如你善於規劃又能依業務輕重緩急徹底執行，部屬也會仿效。

同樣的，部屬也會浪費時間，下面就是竊取部屬時間的狀況：

1. 花太多時間找資料或裝備。

2. 太多干擾。

3. 等大家指示他該做什麼。

4. 由於先前犯錯，以致付出更多的時間完成工作。

5. 談天說地，不切實際。

6. 不知工作職責。

7. 搞不清楚如何做。

8. 對工作優先次序與期限毫無警覺。

　　有時，主管常是干擾者，所以請部屬確定工作目標與先後次序，而一旦雙方同意，即可幫助部屬努力達成目標。當部屬指出你的提議可能有礙工作目標時，請儘可能尊重你們早先達成的協議。

　　請告知部屬歡迎他們和你討論，但務必事先計劃週詳並和你訂好會談時間。

採取行動節省時間 ▶▶▶▶▷

　　要除掉浪費時間的根源，就得先找出「它們」在何時、何地出現，然後學習如何管理，最後一步即計劃利用這些時間處理重要的事情。

　　把自己的工作時間寫在日誌上是運用時間的方法之一。記下自己較典型的幾個工作日，能令你看清楚你在做什麼，並且決定哪些事情可以拋在一邊、改變或授權。工作日誌可參考（表一）記錄，數日後，你就能看看所記下的工作內容並依（表二）慎思決定從哪裡節省時間。

總　結

　　時間是最寶貴的資源，你不能用金錢購買，只能想辦法利用它，如果主管想做好工作，使員工有效率，讓自己的工作與日常生活稱心如意，運用時間是勝負的關鍵。

　　當然也有些本來就無法自由運用的時間，但大多數的工作時間還是可以由我們支配的，這就是我們必須好好掌握時間的理由。只要主管隨時注意浪費時間的事件，就是使部屬步向有效率工作的開始。

表一：

開始時間	工作內容（活動）	結束時間	所花時間

表二：

我能不做的事   預計每週節省時間

1._____   _____

2._____   _____

3._____   _____

我能授權的事   預計每週節省時間

1._____   _____

2._____   _____

3._____   _____

我能做得更快或更好的事   預計每週節省時間

1. _____   _____

     如何改進：_____   _____

2 ._____   _____

     如何改進：_____   _____

3._____   _____

     如何改進：_____   _____

總計節省時間

（Total）_____

To be continued
....Story share

工作也可以有樂趣

　　每天為工作竭盡心力，似乎已成為現代職場上辛勤上班族的寫照。難道他們不想享樂嗎？當然不是！他們怕的是稍一鬆懈，舞台上的角色立即遭到撤換。

　　張國立先生曾經在〈人生的櫻桃〉一文中，有一段動人心弦的描述：「你的人生扣除二十歲之前和六十歲之後，你還有四十年，這是黃金歲月，可是，老天，你在黃金磚塊裡做了些什麼？……我好心的幫你算算：你睡覺睡掉了三分之一，折合成明確的數字是十三點三三三年。 根據統計，平均每個台灣人每天花在電視或電腦網路（無關工作）是三小時，等於每天的八分之一，也就是五年。 上班則以每週五天每天八小時（真有人只工作八小時嗎），這又去掉了十年。換句話說，扣除例行的活動，你的黃金四十年已經不知不覺去掉了二十八點三三三年。你的一生真正落到你手裡的，大約不到五年。」

　　大約不到五年？多麼令人震撼的數字！而更令人

沮喪的是：這五年的時間，大部份的人卻不能全然了無牽掛。年少時，背負功課的重擔，一心想要考取心目中理想的**學校**；結婚後，擔憂汽車貸款、房屋貸款、子女的教育經費及平日生活開銷；邁入中年，健康檢查成了最重要的事；好不容易榮耀退休，卻只能在回憶中消磨一生。於是，恍然大悟：**「年輕時努力工作，等到退休時就可以享受。」**只是安慰自己的止痛劑。

工作時要給自己找樂趣，工作之後更要找樂趣，不必等到退休，更無須假手他人，只要具備實踐的態度。哪怕是看一場電影，說一則冷笑話，讀一篇小品文章，聽一首情歌，如果你覺得快樂，恭喜你已不再是工作的奴隸。

偷拐才會贏

人資工作者的管理
思維與故事分享

面對壓力

在職場上，承受打擊的次數越多，解決問題的能力也就越強；
相反的，面對挑戰的次數越少，自我磨練的機會也就逐漸消失。

PART 11

管理思維 **面對壓力**

面對壓力

壓力是我們每日生活中都會碰到的一個事實，它是個體感受外界對其有所需求因而產生的身體反應。壓力始於焦慮，我們每天都有某種壓力，這壓力可能來自工作或家庭。緊張是焦慮狀態下的身體反應，這並不表示我們有某種精神疾病，它表示我們正受精神緊張或身體威脅之苦。當緊張達到某一程度會導致身體產生某些變化，這時，壓力已悄然上身。

有一些壓力不見得不好，壓力振奮我們去完成某些事，如果沒有壓力，我們不會進步得這麼快。有時侯我們需要一些正面的壓力使我們意志高昂，例如：意志激昂的運動選手以及那些奮力工作以期在限期之前完工的勞工。壓力對人類有好處也有壞處，但大多數的壓力會產生苦惱並傷害身體。

壓力是怎麼產生的？ ▶ ▶ ▶ ▷

壓力是我們對已發生或害怕將會發生的事情的一種焦慮反應。人體對壓力的反應相當奧妙，在緊急情況時會產生某些生理的變化，使我們準備好去應戰或逃離。但從另

一方面看我們的反應卻是遲鈍的，它無法區別這焦慮或緊張的來源究竟是身體受威脅或是由於情緒的沮喪，因此面對這兩種情況都會引發身體採防衛措施——緊張。這種防衛措施的缺點是：如果身體已採防衛準備而並無後繼行動來放鬆，這種準備對身體將是很重的負擔，未放鬆的壓力可能導致身體重要器官的損傷。

壓力可來自下列情況：

1. 失落或害怕失落：失去一位自己心愛的人、工作、他人的贊同等。

2. 自責或不切實際的高目標：雖然我們應當努力以獲致成就，但是我們不可能完美或永遠達成每一項要求。

3. 試圖控制或改變一些你無能為力的事情：花了許多時間去想無法改變的過去的錯誤或希望別人有所改變。

4. 擔憂未來：事先計劃固然好，但過份在意一切可能發生的事情則是不健康的心態，我們應當把握當下。

5. 抗拒必然的改變：無法放棄已行不通的舊觀念和舊辦法。

生活中常會有各種壓力，我們又如何來區辨是否壓力過大？你是否飲食、飲酒、抽煙過量？你是否經常疲勞、易怒或睡不著？你是否害怕上班？你是否覺得被催逼著？如果是的話，可能就是因為你承受太大的壓力了。

壓力的效應 ▶▶▶▶

醫學研究顯示過度的壓力和疾病有密切的關係，過度的壓力會干擾身體任何由神經傳輸的器官，尤其是循環及消化系統。

專家把壓力的效應分為兩種，長期的效應會使人的能力喪失且嚴重至需要醫療，短期的效應則會出現如頭痛、經常感冒、背痛、消化不良、高血壓、神經質等其他的症狀，這些病症常導因於壓力或因壓力而使病症加重。許多意外事件也是因壓力而造成的，那些受壓力所苦惱的人最容易發生意外。

壓力不僅造成生理症狀，受壓力所苦的員工缺勤率較高。據職場上的經驗顯示：因壓力及其所產生的症狀通常會反應在病假的申請，另外，由於他們的精力和注意力都放到帶給他們壓力的問題上，導致生產力較低，工作安全紀錄也較差。

處理壓力 ▶▶▶▶

如果你完全滿足而沒有任何壓力，你不會有太大的成就感。因此，避免壓力並不是我們的目標，我們所需求的是足夠的壓力促使我們把事情做得更好，但不希望這緊張大到傷害我們的身心健康。

　　你無法消除所有的壓力，你也不希望全無壓力，你要設法避免自己及周遭的人有太大的壓力，你可以製造一個低壓力而高生產力的工作氣氛，你也可以幫助自己及部屬處理壓力問題。

　　你可以控制你所遭遇到的壓力，因為壓力主要是由你的想法、感覺和行動所造成。以下的幾個步驟可幫助你解決壓力問題：

1. 找出在什麼狀況下你會感受到壓力？它對你有何影響？

2. 找出原因。你的苦惱是因為：

　　△ 失落

　　△ 自責或不合理的期許

　　△ 對事情的發生或結果無法控制

　　△ 生活在過去或幻想著未來，而非著重目前的狀況。

　　△ 堅持那些已行不通的觀念或做法。

3. 擬定計劃來減少壓力

　　有許多有效的方法可以減少壓力，最好的方法是分析壓力來源，並改變你的思想型態。壓力的原因十之八九並非事件本身，而是我們對事件的看法。你的感覺，由感覺而產生的緊張以及由此產生的反應皆來自你的想法，如果你能控制你的想法，你便可以控制你的緊張和壓力的程度。

你可以學習以積極的想法替代消極的想法，你可以避免被「應該」、「一定」、「必須」等想法所控制，而去想想那些你所要、所喜歡的行動方案。不要把精神貫注在自責及自己的弱點上，想一想自己的優勢，接納自己而不需刻意尋求他人的贊同。

設定具有挑戰性且確實可達成的目標，建立你自己的標準，不要一味的拿他人的標準做比較。

如果你犯了錯誤或有了困難，不要因此深陷泥淖，那是你無法改變的歷史。你所該做的是問問你自己，你從這當中學到了什麼？然後盡可能地去改正你的行為，你該為自己從失敗中學到了經驗而感到心滿意足。

預防苦惱 ▶▶▶▶

學習如何處理壓力是必要的，但如果能知道如何避免壓力則更好。

預防苦惱的最好的方法是學習如何使身心不受干擾，先從你的工作及生活型態著手：

你的工作 ▶▶▶▶

△ 發展新的工作技能及學習時間管理。

△ 將所須處理的問題排定先後順序，並依此從最重要者
　先著手進行。

△ 儘可能減少噪音及干擾。

△ 建立一個合作的工作環境，培養團隊合作而非競爭。

△ 接納生活中必定會有突發問題這一事實。

你的生活型態 ▶▶▶▶

△ 花時間從事你嗜好的活動。

△ 做適當的運動。

△ 家務事留在家中處理，公務留在上班時處理。

△ 即使你不喜歡你的同事，你也該試著去了解他們。

△ 認識你的長處並引以為榮。

△ 多想想生活中愉快的事情，即使是微不足道的小事。

△ 學習鬆弛的技巧或靜坐。

　　改變一個人的行為固然並非易事，但是為了生存，
我們必須學習如何防止過度的壓力，避免你的健康會受
損並且你的生產力會降低。

總 結

　　通常壓力是來自我們對所發生事件的解釋，而非事件本身帶給我們壓力，你可以改變對事情的看法來防止壓力。那些對壓力處理得當的人，他們很少生病並且能掌握自己的生活，他們把改變視為機會而非威脅，他們願意接受甚至主動尋求新的機會。

　　我們都會遇到壓力的情境，因此學習如何處理壓力甚至如何防止過度的壓力，這是主管與部屬皆須面對的課題，因為它可影響我們的健康、人際關係及生產力。

To be continued
....Story share

偷**拼**才會贏

人資工作者的管理思維與故事分享

沒有挫折的挫折

最近，朋友轉寄一篇在網路上頗受歡迎的文章給我，篇名是：「挫折，是年輕人最好的禮物。」

文中作者提到：他剛從軍中退伍時，因無一技之長，而且受限於高中學歷，只好到印刷廠擔任「送貨員」。有一天，作者要將一整車的書，送到某大學的七樓辦公室。當他準備搭乘電梯時，駐守大樓的警衛告訴他：「這電梯是給教授搭乘的，其他人一律都不准搭，你必須走樓梯！」任憑作者苦口婆心的向警衛解釋：「這是你們學校訂的書啊！」依然得不到警衛的放行。

一如每篇勵志性故事的結局，最後作者辭去工作，發奮圖強，考上某大學醫學院，成為一位醫生。他感謝當時「警衛無理的刁難和歧視」，並且視那位被他痛恨的警衛為一生中的恩人。

讀完這篇故事，讓我有很深的感觸。在講究企業倫理的職場耕耘多年，諸如文章中主角的遭遇，看過、聽過、甚至親身經歷的次數已不知凡幾。如果這是「

挫折」，它必然已成為天上隨時會掉下來的禮物。

　　在職場上，承受打擊的次數越多，解決問題的能力也就越強；相反的，面對挑戰的次數越少，自我磨練的機會也就逐漸消失。當你覺得處處遭逢挫折，那正意謂著你的能力一點一滴的累積中，只要秉持「任何事情的發生，皆有其目的，並且有助於我」的樂觀信念，雨過總會天晴。

　　從事人力資源管理多年來的體驗，發現工作上最大的挫折就是：「沒有挫折」，因為不知道哪一天，隱藏的風險將會沒有預警地從四面八方襲來。

偷拼才會贏

人資工作者的管理
思維與故事分享

訂定決策

「*沒有伯樂，千里馬也不該有寂寞的藉口*」來勉勵所有投入職場的

社會新鮮人，不要認為自己「懷才不遇」，培養實力才是唯一的路。

管理思維 訂定決策

訂定決策

　　身為主管，決策訂定為一相當重要的技巧。好的決策為主管成功的基礎，且可幫助您和部屬提高績效，增進生產力。決策的技能可藉學習和演練改善。

　　要當成功的主管，須熟記下列訂定決策的原則：

確定需要由你來下的決策 ▶▶▶▶

　　若此事需要由老闆決定，你只要提出意見即可，不要把所有的責任都往自己的身上攬。確認你所做的決策，是否是你的部屬有能力且應當要處理？若部屬有足夠的專業職能和技巧，把問題丟給他自行解決。鼓勵部屬接受和執行自己的職責，亦是主管工作的一部份。

小心界定問題 ▶▶▶▶

　　做決定前，先蒐集資料。主管必須也是一位問題提出者，不恥下問是蒐集資料的有效方法。向同僚或部屬請教，若遇相同狀況，往往可以從他們的處理方式中選出最好的決策。

問題意識 ▶▶▶▶

　　重要的決策需要全盤考慮，而仔細的分析，則需要時間。如果你能隨時注意即將發生的潛在問題，你就會有充裕的時間來準備作決策。

注意重要決策 ▶▶▶▶

　　對組織而言，並非所有的決策都同等重要。處理事情要按輕重緩急，重要的決策先處理，然後再做其他較次要的決策。

迅速處理必須但屬次要的決策 ▶▶▶▶

　　為爭取更多時間來處理重要事務，請儘快解決小問題。

對關鍵性事件勿驟下決策 ▶▶▶▶

　　多想幾道解決的方法，決定前，再讓自己靜下心來想一想。和別人談一談，以獲取他們的想法，倉促間作成的決定，易出差錯。

克服害怕失敗的恐懼感 ▶▶▶▶

太過謹慎，不敢適度地冒險，會降低你的效能。別因害怕失敗而躊躇不前，仔細衡量前因後果，深思熟慮後，把握機會冒險。

決策既已做成，即勿再猶豫 ▶▶▶▶

決策一旦形成，就勿再三心二意，切忌浪費時間懊悔既成的決定。

對所發生的事情負起責任 ▶▶▶▶

瞭解失敗的原因後，會做出更好的決策，贏得更多的尊重。所以，要勇於認錯，承擔後果。

執行決策 ▶▶▶▶

除非真正採取行動，否則你還不算是達成決策。

當老闆扮演決策者的角色時，部屬一般都會毫不遲疑地提供意見給主管。他們期望主管迅速採取行動，當老闆遲不回覆，或對無關緊要的決策仍聲稱需向上級請示時，通常會引起部屬的反感。

員工不喜歡事事都需由最高當局來做決定。但他們欣賞面對艱難的問題，能做出決策的主管，而且尊敬那些在經過縝密思考，滿懷勇氣和信心做成不尋常且需冒高度風險的決策者。

每個人都喜歡自己的建議案受到重視，但他們同時也希望主管的看法公平和客觀。

成功的主管如何下決策 ▶▶▶▷

在任何一個組織裏，有效率的主管，在做決策時都有相同的特質和技巧。首先，成功的主管能從組織內各層級收集有關該決策的資訊，好的決策需有暢通的溝通管道和資料來源做後盾。

成功的主管如何利用時間，在現有眾多的問題中，抽絲剝繭挑出日後潛在的大危機，是門必修課程。

一流的主管，同時亦須對辦公室的人際關係和政治氣氛具有敏銳的觀察力。如此，會有助於決定提出建議的方式和對象，且有益於判斷問題或找出困難的來源。

卓越的主管會鼓勵部屬適切地運用本身權責，可惜的是，大部份一天到晚都在做決策的主管，未充分授權，亦未在其本身和部屬間，劃清責任範圍。

不善做決策的主管，須虛心找出問題所在，以便做出有效的抉擇。

　　造成主管逃避做決策的藉口或原因通常是：

1. 忽視有組織、有系統的工作環境之重要性。

2. 未設定工作時限。

3. 所設定之工作時限，未能切合實際情況。

4. 對自己和他人的職責混淆不清。

5. 對所需之職權意識模糊。

6. 未認清自己或部屬之責任所在。

7. 未搜集必要資料。

8. 沒有機會與部屬充份溝通。

9. 所依據的資料不齊全或不可靠。

培養有效的團體決策 ▶▶▶▶

　　一流的主管知道，讓部屬參與決策是一招高明的策略。經常利用團體所提供的意見或資料，作為制定決策的參考，必能事半功倍。這種共同領導的模式，可擴充新的知識領域。惟作團體決策前，須注意下列事項：

1. 輔導團體一起工作。

2. 建立運作團體所需之程序。

3. 主管須表明他願意授權、提供必要之支助、遵從大家

所做的決定。

4. 團體成員的職責和專長，需符合任務要求。

5. 團體成員人數適中。

6. 達成決策的方式，得有一定的程序。為使決策有效果，須明確討論出決策執行的方式及由何人執行。

決策倫理觀 ▶▶▶▶

制定決策時，主管對於決策的品質亦須關注。下決策時，請自問：

這個決策是否合乎常理？實際執行決策，反應會如何？執行的方法和決策是否有意義？

1. 這個決策會不會傷害到別人？是否會引起他人極不舒服？

2. 這個決策是否與你自己的觀念相符？此一行為是否會違背你的一貫理念？

3. 這個決策是否光明正大？決策公諸於世後，是否會令你感到不自在？

4. 換個角度來看這個決策。假想你處在此一情境，會怎麼做？

5. 決策執行後，會有怎樣的結果？會有正面的效果嗎？上述的標準，亦可用來衡量個人生活中的決策。

總 結

　　主管可經由學習得知如何訂定更好的決策。衡量事實情況，列出事情的優先順序，然後採取行動。

　　部屬都希望主管做決策時，能公平、迅速、前後一致。同時，他們亦欣賞有勇氣做艱難抉擇的上司。他們尊重以內容和品質來評量自己的想法的主管。

　　有技巧及有計劃地讓相關的部屬參與決策，亦即提供一個有利其歷練之機會。

　　決策倫理觀，提供個人在生活上和專業上的決策準則。

To be continued
....Story share

不遇懷才

　　企劃課林課長最近時常逢人就抱怨：公司招募進來的新進員工，人力素質每況愈下，要找到一位文武兼備的工作夥伴，簡直愈來愈難。

　　確實不是一件易事！從事人力資源管理工作即將屆滿二十年，我常常以「**沒有伯樂，千里馬也不該有寂寞的藉口**」來勉勵所有投入職場的社會新鮮人，不要認為自己「懷才不遇」，培養實力才是唯一的路。儘管如此嘉勉，卻也不難發現：新進人員常賴以為生的優勢，往往未必皆能符合企業內主管的期待。

　　林課長的抱怨就是一個鮮明的實例。看看他所領導的部屬：擅長規劃的不精於執行，執行能力強的又缺乏規劃的經驗。他一直將業務績效不彰的主因，歸罪於單位內沒有一群「身背屠龍刀、手拿倚天劍」的武林好手。

　　果真如此嗎？自從在職場上擔任人力資源主管以來，有一則溫馨的寓言式小品文，是我最樂與管理幹部分享的題材。

　　文章的內容大致是敘述：有一位挑水夫，每天必須從溪邊挑水送到主人家。於是，他就在扁擔的兩頭吊著

兩個水桶，其中一個完好無缺，另一個桶子則稍有裂縫。兩年來，每次到達主人家時，好桶子總是對自己滿滿的整桶水驕傲不已，相形之下，破桶子則對於自己僅剩的半桶水萬分羞愧。

「請把我換掉吧！這兩年來，因為我的缺陷讓您白費很多的力氣，你應該找到一個比我更好的水桶幫您做事。」有一天，破桶子終於忍不住的對挑水夫表達歉意。

「為什麼要換掉呢？」挑水夫接著說：「我還要感謝你的盡職啊！」於是，挑水夫帶著茫然不知的破桶子循著原路走回，一路上，爭奇鬥艷的花朵恣意的在陽光下綻放。**挑水夫問：「你知道為什麼道路兩旁卻只有一邊有開花嗎？」「因為我在你那邊的路旁撒了花種，每回我們從溪邊回來，你就替我延路灌溉！」**

原來，主人餐桌上芬芳滿溢的花朵，最大的貢獻者是來自於破桶子的缺陷。

「一個人的優缺點，決定於他被擺放的位置。」講完了故事，最後我給「不遇懷才」的林課長下了這麼一個註解。

偷拼才會贏

人資工作者的管理

思維與故事分享

管理思維

變革挑戰

生命裡，原本就存在著一些必要的掙扎。面對雖然痛楚，可能浴火重生；放棄儘管容易，也許平淡一生。你的態度決定你的抉擇，壓力未必是成長的催化劑，但是，安逸絕對是組織與個人致命的安眠樂。

管理思維 **變革挑戰**

變革挑戰

　　管理者的角色愈來愈複雜，不僅責任重大，且隨時面臨許多的挑戰。你是組織中第一線的領導者，是部屬與其他管理階層的橋樑，因此你需關心部屬的福祉與組織的利益，並且盡最大努力來滿足雙方面的需求。

一個管理者是什麼？ ▶▶▶▶

一位有效的管理者：

　・幫助所有部屬，努力表現出到最好。

　・使員工彼此合作以達到組織目標。

　・創造一個良好的工作氣氛。

　　管理者是解決問題的最佳人選、是第一位聽到部屬的抱怨、是出現問題時員工找上門的對象。管理者也經常是公布壞消息給部屬且承擔其後果的人。在一個有工會的組織中，管理者須確保能遵守勞資協議。仔細分析管理者的工作可得知，為了要帶領部屬完成目標，很顯然地須具備一些特質。

良好管理者的特質 ▶▶▶▶

　　有效的管理者了解部屬、工作要求和工作氣氛。下列

的特質是必備的：

1. 技巧－能以一種被部屬接受的方式來使部屬努力工作。

2. 公平－不偏袒，心胸開放且願意傾聽，對部屬與組織坦率。對部屬的好點子給予獎勵且不吝於讚美。

3. 完整－確使整件工作能完成並做得正確。

4. 原動力－能有良好點子並知道如何使其被接受。能得到上級同意並使部屬了解新事物與新方法。

5. 常識－能顯示出良好的判斷力。收集事實，考慮決策的可能後果，然後採取行動。

6. 溝通－注意使部屬能得到資訊並傾聽他們的切身問題。

7. 技能－知道那些事物需加以完成，有能力去做並教導別人。

自我體會與成長 ▶▶▶▶

好的管理者關心部屬能否有效地工作並獲得新技能。據研究，欲改變別人必先由改變自己做起，假如你想鼓勵部屬做得更好，多把注意力放在自己的行為模式上而不是在於你為部屬做了些什麼。

你的行為方式對部屬的行為有很大的影響，它比你口說的還散播出更多的訊息。你不必說什麼，你的行為可能就會表示：「你應該這樣做才對。」若是你不小心，你的

行為也可能表示出：「你不該有這種行為。」

遵循工作守則會鼓勵部屬依照標準化的制度行事，為自己的錯誤負責會使部屬較易承認錯誤並從中學習。另外，能接受對你行為的評論可幫助部屬接受來自你的回饋。管理者必須認清自己並為自己的行為承擔責任，若你能了解自己的強處與弱點，你將更能幫助你的部屬成長與改變。

為要成為一個能發揮潛能的管理者，必須不斷的提昇自己的知識技能，這種態度可促使員工更願意學習新技能。樂意授權、善於溝通，將可使你的工作變得更為容易，事情進行得更為順利。

不要怕對你的部屬表露你的信任，你需要將部屬視為如家人般的夥伴，他們也需要了解你個人——不只是工作上的同事關係而已！

周密的計畫是一種重要的管理功能。若你計畫周詳，你較可能控制工作上與人生旅途上所發生的事物。

關心員工與任務 ▶▶▶▶▶

優秀管理者會顧及部屬的需求及需要完成的任務。

你將採取一種指導與訓練部屬的態度，他們會因變得更有能力而感到愉快。對部屬的成長與進步，你亦將有滿

足感。

　　幫助你的部屬使其變得更獨立與自動自發。一位好的管理者並非部屬的依賴者，而是一位可使員工不需依賴他的人。

　　查看部屬對自己所抱期許為何，找出部屬的利益和需要所在。多花一點時間傾聽，少花一點時間批評。

　　在你採取任何重大行動之前，要告訴你的部屬，你計畫做什麼與你為何要做的原因，這將使他們坦然面對變革。

總 結

　　　管理者是所有組織中的靈魂人物，他們充當部屬與其他階層主管的橋樑，他們必須關心部屬的利益與組織的福祉。

　　　優秀的管理者會致力於促進自己與部屬的成長，他們努力拓展以達成自我設定且具挑戰性的目標。

　　　確使任務能妥善達成，且使你自己與部屬的技能都有所增進。

你的管理行為

根據在底下尺標上點出你自己。

在你現在所處位置上標上「○」，而在你希望所處位置上標「╳」。

僵化頑固的管理者	邁向目標中的管理者
壓迫與責罵	教導與訓練
訴諸權威	建立聲譽
使員工繼續猜測	可信賴的
光說不練	樹立行為榜樣
萬事通	學習與成長
關心誰應受責	找出問題的原因並解決
談論「我」多好	習慣說「我們」做到了
常說「去做啊」	常說「一起做」

NOTE

To be continued
....Story share

偷拼才會贏

人資工作者的管理思維與故事分享

誰殺死了蝴蝶

　　一群朋友來家中聚會，無意間在庭院發現了一個蝴蝶蛹，細微的身軀企圖從蛹表面的小孔中奮力而出。

　　朋友不忍心看著小蝴蝶孤軍奮戰，卻依然坐困愁城。於是，有人提議將小孔剪開，以方便它早點殺出重圍。果然，小蝴蝶很容易的出來了。

　　正當大伙兒覺得日行一善而興奮不已時，卻發現這隻蝴蝶的體態十分怪異。肥肥腫腫的身子，細細弱弱的翅膀，完全與印象中翩翩起舞的倩影相去甚遠。

　　「不用擔心，它的翅膀會慢慢變大，體型會越來越顯輕盈，最後終究得蛻變成展翅高飛的驕女。」迷惑中，有人給了這麼一個正面的答案。

　　隨著時光流逝，這個答案不僅不曾出現，而且，更殘酷的事實是：小蝴蝶只能在地上爬行，仰望同伴穿梭於花叢樹葉間，終了一生。

　　後來，我們終於找到真相：**蝴蝶必需用它細微的身軀從小孔中掙扎出來，如此才能將身體裡的體液壓**

進它的翅膀裡。

　　原來，蝴蝶從蛹中掙扎出來，是為著孕育它將來飛行所需要的羽翼。而愚蠢至極的我們，當初沾沾自喜、自以為是的舉動，卻摧毀了蝴蝶天生的本能。

　　雖然是無心的過失，多年後，我們依舊無法卸下如劊子手般曾經沾染的悔恨！

****

後記：這是我改編自「蝴蝶蛹」的心情筆記。生命裡，原本就存在著一些必要的掙扎。面對雖然痛楚，可能浴火重生；放棄儘管容易，也許平淡一生。你的態度決定你的抉擇，壓力未必是成長的催化劑，但是，安逸絕對是組織與個人致命的安眠藥。

偷拼才會贏

人資工作者的管理
思維與故事分享

擬定計畫

失敗為成功之母，意指累積多次失敗的經驗，只要不氣餒，再接再厲，終究有成功的一天。

管理思維 **擬定計畫**

偷拼才會贏

思維與故事分享

人資工作者的管理

擬定計畫

　管理的理論不勝枚舉，惟若要對你有所幫助，你必須有所行動。一次做一件事，你不可能一次處理所有的問題。依照下面的步驟進行你的改善計畫：

1. 接受自己——記住你的優點，肯定自己，正因你的技能你才被選為當一位管理者。

2. 接受事實——你得到的回饋是很有價值的資訊。

3. 決定是否要改變——改變並不容易，而是件困難的工作。唯一能改變你的人是你自己。若你不願努力下功夫，什麼事也不會發生。

4. 決定你要變得如何不同——弄清楚你要做何種特定的改變。

5. 做一計畫然後信守之——堅持是使改變成功的關鍵。

行動計畫 ▶▶▶▶ ▷

1.我要使什麼事情發生？（你的目標）

_____

_____

_____

_____

_____

例如：_____

2.若我嘗試達此目標我可能喪失什麼？（我冒的風險多大？
　值不值得一試？）

_____

_____

_____

_____

_____

_____

例如：

_____

3.我若如此做，事情會變得多好？（什麼結果會產生？）

_____

_____

_____

_____

_____

_____

例如：

_____

4.「做」或「不做」？（衡量風險及達成目標所可獲得的結果）

　　做 □　　不做 □

做此決定的原因：

_____

_____

_____

_____

例如：做 ☐　　不做 ☐

原因：

_____

_____

_____

_____

例如：做 ☐　　不做 ☐

原因：

_____

_____

_____

_____

（若你的決定是「不做」，則回到第一個步驟並寫下另一個目
標。若你願意盡力去達成第一個設定的目標，就繼續進行第五
個步驟。）

5.我可用那些方法來做這件事？（什麼方法可用來達到我的目
標？）

_____

_____

例如：

6.我將做什麼？（你的行動計畫）

例如：

7. 我如何知道我做得怎樣？（評估過程）

_____

_____

_____

_____

_____

_____

例如：

_____

_____

To be continued
....Story share

偷拼
才會贏

成功為失敗之母

　　從進入小學開始，老師就教育我們：「失敗為成功之母」，意指累積多次失敗的經驗，只要不氣餒，再接再厲，終究有成功的一天。雖然是極具激勵性的嘉言，但是，離開學校進入職場後，我幾乎鮮少親睹如「國父經歷十次革命」、最後獲致成功的實例。

　　企業講求分工、授權的結果，培育出各項領域的「熟練工」，每個人自恃長久以來熟稔的作業模式，視創新為畏途，以不變的態度面對瞬息萬變的外在環境。**自詡為「專業」的背後，其實只是「熟練」的假象。**

　　我要分享一則來自網路上的歷史傳說，名為：「愈是熟練，愈是顯得無能。」

　　相傳乾隆年間，京城出現了一個神偷，他竊取的對象並非一般的尋常百姓，而是專偷皇宮內珍藏的寶物。無論紫禁城內戒備如何森嚴，絲毫無損於其如探囊取物般的來去自如，這下子乾隆黃帝緊張了。

　　「眾大臣有何對策？」有一天，乾隆召見大臣們商討對策。

經過大家集思廣益，作成二項結論：一、加派官兵鎮守皇都。二、百姓出入京城，一律接受檢查。不料這項計策不僅失效，連帶使得人民因不便而怨聲沸騰。

乾隆震怒之下，只好再召開會議討論。

這一次，竟然有人提議：「撤掉鎮守皇都的官兵，並且將存放寶物的箱子全部打開。」乾隆聽了雖然甚感疑惑，不過還是下令照辦，果然這次不費吹灰之力的捉到了神偷！

原來神偷這次進入皇宮後，發現竟然沒有官兵守衛，存放寶物的箱子也沒有上鎖，神偷一下子楞在那兒想著：「怎麼跟我三十年偷竊的經驗不一樣？這次不用躲過警衛，無須開鎖，時間又特別充裕……」

正當他陷入一連串疑問與不解的思潮時，埋伏的衛兵一擁而上。**神偷最終一嘆：「三十年的『成功經驗』」打敗了自己。」**

其實，類似故事中的情境，在職場上處處可見、時時上演。在人力資源的領域一路走來，成績雖然差強人意，我依然不斷的自我惕厲：成功為失敗之母。

偷拼才會贏

人資工作者的管理
思維與故事分享

展開行動

在職場上，你能贏取別人，獲得肯定的秘訣，往往只是你暗地裡比別人提早做了準備。

管理思維 展開行動

展開行動

有一些方式你可用來增加行動計畫成功的可能性。

1. 花時間分析哪些力量對你的計畫有益或有害。

2. 分析你的「支援系統」。支援系統是由那些工作上或生活上，在你需要時可以適時給你幫助的人所組成。若你發現你的支援系統並不如想像的那麼強，你可能會想要發展或加強之。

3. 與一位同事、上級或部屬建立行動計畫中某些協定，如此將有助於堅守你的承諾。

4. 把你的計畫公開，與其他人分享你的目標可增加你的決心。當你公開宣佈你的意圖，你較可能會遵循你的計畫。

支持與限制的力量 ▶ ▶ ▶ ▶

　　辨別哪些因素可幫助你或阻礙你解決問題與自我改善的方式，把這些力量列出來有助於澄清哪些是必須面對的困難，又有哪些是有益改變的因素。分析的過程讓你一目瞭然，使你能認清並判斷在工作情況下的有利因素。首

先要陳述你要進行的目標，然後列出有利的與阻礙的力量。
力量的來源是來自你本身？或來自工作環境內或外？

陳述你要進行的目標：

_____

_____

_____

_____

現狀 ──────────────────────▶ 進展

列　　出 支持力量		列　　出 限制力量
────────────▶	在我本身 內的力量	◀────────────
────────────▶	在我單位 內的力量	◀────────────
────────────▶	在 組 織 內的力量	◀────────────

當你完成檢核表，看看限制力量是否大於支持力量？若然，你的目標是否實際？或者支持力量似乎較強？那可能意味著目標是可達成的。若是正反雙方的力量勢均力敵，你可依照較有利的方式去影響它，找出方法來降低阻礙的因素或加強有益的因素，兩者都可使你更接近的目標。不要忘了考慮還有哪些人可伸出援手，尋求可獲得他們協助的途徑。

範例：

陳述你要進行的目標：

_____

_____

_____

_____

_____

_____

_____

現狀 ————————————————————→ 進展

列　　出　　　　　　　　　　　列　　出
支持力量　　　　　　　|　　　　限制力量

————————　　　　在我本身　　————————

————————→　　內的力量　　←————————

————————　　　　在我單位　　————————

————————→　　內的力量　　←————————

————————　　　　在　組　織　

————————→　　內的力量　←————————

看看所列的表。有沒有辦法可增強「支持力量」？
把它寫在這裏：

————————————————————————————————

————————————————————————————————

————————————————————————————————

有無辦法可除去或減弱一些「阻礙」？
把它寫在這裏：

————————————————————————————————

————————————————————————————————

————————————————————————————————

檢視支援系統 ▶▶▶▶

當我們知道可尋求別人的支持時，生活與成長會較容易。不管我們多堅強或自主，有個可靠的支援系統可發揮許多功能。

一個支援系統的三個主要目的是：

安慰：

我們需要有人可以不加批評地傾聽我們訴說並給我們信心。這位「安慰者」是個心胸開放、不妄加批判的朋友、同事或親戚。

澄清：

「澄清者」並不提供解答，但會鼓勵我們為自己檢視事物。有時一位能對事情有所澄清的人會有很大幫助，他們會發問並鼓勵我們對問題更深思熟慮。

指導：

「指導者」指出我們行為不當之處，並對我們的意圖、動機與價值觀提出疑問。他們不客氣地追問問題並且可能建議必須改進之處。

使用下表來檢視你的支援系統的現況。在每個項目的方格內寫下目前已擔任該功能者之姓名，以及列出可能擔任該項角色的人選。

功　能	工作上	生活上
安 慰 者 （傾聽者）	現有： 可能：	現有： 可能：
澄 清 者 （質詢者）	現有： 可能：	現有： 可能：
指 導 者 （建議者）	現有： 可能：	現有： 可能：

是否有些方格是空白的？若然，即表示你必須努力尋求能擔任該項功能的人。在每項領域內都有你能倚賴的人，是一件很重要的事。發現有空白的方格是很平常的現象，你將知道自己多麼需要被支持。

　　是否同一個姓名會在許多方格內出現？通常太依賴某個人扮演多種角色是不公平的，例如，配偶常常會在方格內出現好幾次。

　　最佳支援系統是每個項目都要包含幾個姓名。而明智的管理者會注意尋求潛在的各種角色扮演者。記住，要交朋友，自己就需先像是一個朋友。獲得協助的最佳方式，就是在你的工作與生活上與一些人共同創造一個彼此支援的系統。

To be continued
....Story share

偷拼才會贏

　　每一年的畢業季，我總會受到幾家大專院校的邀請，與即將離開學校、踏入職場的年輕學子，談一談有關「就業市場的趨勢」或是「求職者應俱備的態度」等應景的主題。

　　看著台下一張張未經繁雜工作「摧殘」的清新笑顏，我恨不得將多年來的實務心得一古腦兒的傾囊相授。彷彿那裡頭也坐著一位雄心壯志，卻有點徬徨失措的社會新鮮人，一如當年的自己。

　　「請問同學：你們的履歷表已經準備好了嗎？」通常在演講的尾聲，我會故意的提出這個問題。每個人的表情透露著「不可置信」的疑惑，「履歷表不是在應徵工作時，才須投遞至企業的嗎？」「我們又不知道以後會應徵哪一家公司，怎麼準備履歷表呢？」有幾個同學打破沉默，不解的向我請教。

　　擔任人力資源管理的專業經理人，招募面談一直是我主要的核心工作之一。每次企業一有職缺對外招聘，應徵的信件就會如雪片飛來。應徵者不僅個個擁有傲人的學、經

歷，對於爭取工作機會，「捨我其誰」的企圖心，更是躍然紙上。「如果你們的履歷表就在其中，你們勝出的機率有多少？」我略顯嚴肅的接著說：「你要如何說服負責面試的主管，在眾多的應徵者中，對你投注關愛的眼神？」

全場鴉雀無聲，顯然我的回答已重擊他們薄弱的自信。

「同學們，聽過『愛拼才會贏』這句話嗎？」異口同聲的答案，讓會場氣氛又漸漸的熱絡起來。**「為生存而努力，有哪一個人是不拼的？所以從今天開始，為了讓自己比別人捷足先登，為了提昇自己的競爭優勢，請將這句話改為『偷』拼才會贏。」**聽到我用「偷」字，同學們不禁笑成一片。

「在職場上，你能贏取別人，獲得肯定的秘訣，往往只是你暗地裡比別人提早做了準備。」同學們的笑聲逐漸收斂，滿心期待著我的詮釋。「如果你現在肯用心的製作一份引人注目的履歷表，在畢業前毛遂自薦的投遞至你想要進入的企業，你將會有意想不到的結果。」

事實上，每一個人都可能是你最熟悉領域的「畢業生」，當你毫無作為的坐視外部環境改變的時候。

NOTE

To be continued
....Story share

Appendix

座右銘

- 千里之路，始於初步。
- 要成功，你必須像天鵝，外表平靜幽雅，但底下要不斷擺動。
- 智者視時間為鑽石，愚者視時間為糞土。
- 到處留心皆是學。
- 成功有三A：Aim(目標)、Attitude(態度)、Action(行動)。
- 觀念改變，態度就會跟著改變；態度改變，行為就會跟著改變；
- 行為改變，命運就會跟著改變。
- 樂觀的人，在所有的困難中都會發現機會。
- 沒有播種的田永遠得不到收穫。
- 要靠短短的筆，不要靠長長的記憶。
- 氣節要高，氣魄要大，氣勢要壯，氣質要雅。
- 機會，永遠只會留給有準備的人。
- 沒有永遠的教室，只有永遠的學習。
- 凡事順其自然，必是每況愈下；只要積極進取，必能心想事成。
- 哲學家叔本華說：「意志力可以戰勝一切。」
- 如果不盡力一試，你不會知道，極限在哪裡？
- 寧可是鳳凰中的烏鴉，切莫為烏鴉中的鳳凰。
- **No pain, no gain!** 不肯付出就不會有收穫。
- 滴水能穿石不是靠力，而是因為它不捨晝夜。
- 壓力（stressed）這個字不過是點心（desserts）這個字從後面倒著拼回來而已。
- 細心是成功的嫩姆，粗心是失敗的良伴。
- 凡事感激！因為我知道，挫折之後總會有一個更大的禮物等著我。
- 最差勁的不是輸了的人，而是一開始就不打算贏的人。
- 沒有最好，只有更好。

- 英文字典中第一個字就是放棄（abandon），很多人失敗就是因為放棄得太早。
- 贏家總能在問題中找到答案，輸家總是認為答案中有問題。
- 如果你總是盡最大的努力，那麼最糟的事永遠不會發生。
- 真正的衰退不是白髮和皺紋，而是停止了學習與進取。
- 人間好話，要如海綿遇水牢牢吸住；世間是非，要如水泥地般水過則乾。
- 人生就好像是回力標一樣，你投擲出的是什麼，收到就是什麼。
- 帶著喜悅的心情出門，每一天都是全新的開始。
- 最初的願望，是進取的起點；不懈的努力，才是成功的階梯。
- 人生方程式：「加多一點努力，減少怨天由人，乘機不斷進步，除去不良習慣。」
- 只要用點心，生活處處見溫馨。
- 做個生活的變色龍——有彈性、懂得轉彎、有些表現、有些含蓄。
- 做好心情的環保，回收可以令我們知足的，捨棄令人們不悅的。
- 困難的背後，隱藏著通往成功的階梯。
- 不用為模糊不清的未來擔憂，只要清清楚楚的為現在努力。
- 成功不是自然的結果，你必須先點燃火苗，然後才能燃燒起來。
- 悲觀使人軟弱，樂觀帶來力量。
- 知識的投資永遠有最佳的回收。
- 面向陽光即看不見陰影。
- 懂得安排自己的人，總是能找到空檔；那些無所事事的人，總是匆匆忙忙。
- 勇氣是所有美德的踏腳石。
- 不要在爭執中表現出優越感，提出看法時，永遠要保持謙遜。

如何成功簡報

一、簡報目標：以事實報導獲取上級或來賓瞭解、信任與支持。

二、達成目標的方法：1. 以業務實績為主

　　　　　　　　　　2. 以簡報技巧為輔

三、準備適宜內容：瞭解對象

　　　　　　　　　確定簡報目的

1. 上級視察：簡報全體同仁努力完成的績效，規劃未來努力方向。

2. 向上訴求：以已達成的努力成果，取得信任。

　　　　　　提出有說服力的具體結論，尋求支持。

3. 內部簡報：肯定同仁努力

　　　　　　鼓舞同仁士氣

　　　　　　激起團結奮鬥

　　　　　　創造美好明天的共同意願

4. 對外介紹：簡報本機構或單位之特點與貢獻，避免誇大，

　　　　　　引起反感。

5. 對外訴求：明示本單位負責任，盡義務之誠意。

　　　　　　與對方採同一立場討論。

　　　　　　提出理性解決方案，懇請支持。

四、十項要點：

1. 內容充實：a.忠於事實 b.多角度考量 c.蒐證齊全

2. 結構簡明：a.層次分明 b.銜接圓熟 c.氣順事成

3. 邏輯週延：a.自圓其說 b.合乎常理 c.理直氣婉(和)

4. 圖表清爽：a.美觀大方、賞心悅目 b.字數控制、字體適當

　　　　　　c.色彩調和、遠近可見 d.善用輔助、視聽器材

5. 口齒清晰：a.口語化 b.表達清楚 c.避免方言 d.非語言溝通

6. 理性訴求：a.合情、合理、合法 b.不亢、不卑、以理說理

　　　　　c.避免情緒化 d.善用幽默感

　7.突顯正面：a.闡揚光明面 b.不說洩氣話

　　　　　　c.不作要脅語 d.引用小故事

　8.外行能懂：a.深奧學問、淺說明白 b.外行難懂、舉例剖析

　　　　　　c.選擇適應聽者語言

　9.忘卻自我：a.送掉功勞 b.強調「我們」 c.感謝支持

　10.簡潔有力：a.突出重點 b.避免嘮叨 c.時間管理恰當

　　　　　　(簡報20m、演講80m)

五、完善的簡報準備

　1. 開場白

　2. 情境分析

　3. 架構與內容

　4. 相關資料準備

　5. 相關佐證準備

　6. 訴求與結語

　7. 預防詰難與危機

　8. 模擬提出的問題

　9. 預習建立信心

　10. 練習練習再練習

如何開好會議

一、會議的目的：

    1. 討論解決問題

    2. 彙合群體智慧

    3. 知識交流

    4. 政策宣達

二、會議的目標：獲取具體、有效、理性的可行方案。

三、會議的基本理念：

    1. 開會是解決問題最佳途徑之一。

    2. 不開不必要的會議。

    3. 要使會議成功，必須妥善準備。

    4. 所有參與者都必須保持風度，以理性爭辯。

    5. 主席是會議成敗的關鍵。

四、主持人應具備的條件：

    1. 思考清晰   6. 耐煩傾聽

    2. 反應敏銳   7. 沈著自制

    3. 善於表達   8. 具幽默感

    4. 邏輯分析   9. 領導魅力

    5. 公正客觀   10. 應付挑戰

五、主持會議的基本原則：

    1. 鼓勵與會者完全參與。

    2. 聽取不同意見，禁止批評他人意見。

    3. 鼓勵共同產生結論，增加可行性。

六、如何開好會議：

    1. 會議主題明確   6. 把握會議方向

    2. 妥善規劃程序   7. 控制會議時間

    3. 參與人員遴選   8. 達成具體結論

    4. 與會要先準備   9. 結論週延可行

    5. 與會完全投入   10. 結論執行追

七、出席會議要點：

    1. 出席上級主持之會議，絕不可強出頭。

    2. 與平行單位協調會議，隨時為主管提供資訊。

    3. 代表主管出席會議，事前取得主管授權程度。

如何做好溝通

一、人際溝通的理念：溝通在追求「雙贏」。
　　1. 不強迫溝通
　　2. 要放鬆心情
　　3. 不輕易灰心
　　4. 不採取敵對
　　5. 發揮幽默感
　　6. Touch涵意

二、做好溝通的個人修持：
　　1. 知識淵博：「腹有詩書氣自華」
　　2. 態度誠懇
　　3. 尊重對方
　　4. 溝通能力
　　5. 口齒清晰
　　6. 行動溝通

三、意見溝通的障障礙：
　　1. 語言上的障礙：意指「共同語言」
　　2. 教育程度上的障礙
　　3. 地位程度上的障礙
　　4. 知覺程度上的障礙
　　5. 對改革抗拒的障礙
　　6. 溝通方式引起的障礙
　　7. 理念繁雜或數量龐大引起的障礙
　　8. 訊息權威性引起的障礙

四、一般溝通的技巧：
　　1. 秉持心誠，少用心機
　　2. 多未雨綢繆，少亡羊補牢
　　3. 要主動、不要被動
　　4. 要客觀、不要主觀
　　5. 容人思考，不咄咄逼人：理直氣和(婉)
　　6. 簡要解釋，少大道理
　　7. 廣泛蒐集資料佐證
　　8. 要多聽，要少說
　　9. 將心比心，慎選語言
　　10. 善用非語言溝通

國家圖書館出版品預行編目資料

偷拼才會贏 / 周志盛著.

- - 初版. - - 臺北市 　： 汎亞人力，2010. 09

面 ； 公分. - - (人力資源管理實務；12)

ISBN 978-986-85846-1-7 (平裝)

1.人力資源管理

494.3　　　　　　　　　　　　　99015778

偷 拼 才 會 贏

周志盛 著

發行人 / 蔡宗志

發行地址 / 台北市106大安區和平東路二段295號10樓

出版 / 汎亞人力資源管理顧問有限公司

校對 / 周志盛

編輯、設計 / 蕭嘉玲、陳雅欣

電話 / (02)2701-4149（代表號）

傳真 / (02)2701-2004

總經銷 / 紅螞蟻圖書有限公司

地址 / 台北市114內湖區舊宗路2段121巷28號4樓

電話 / (02)2795-3656（代表號）

傳真 / (02)2795-4100

E-mail：cn@e-redant.com

2010年09月

初版一刷